# 就这样读懂心理学

璞玉英华科普小分队 编著

中信出版集团｜北京

图书在版编目（CIP）数据

就这样读懂心理学 / 璞玉英华科普小分队编著 . --
北京：中信出版社，2022.6（2024.1重印）
ISBN 978-7-5217-4275-6

I. ①就… II. ①璞… III. ①心理学 – 通俗读物
IV. ① B84 – 49

中国版本图书馆 CIP 数据核字（2022）第 067178 号

就这样读懂心理学

编著：　　璞玉英华科普小分队
出版发行：中信出版集团股份有限公司
　　　　　（北京市朝阳区东三环北路 27 号嘉铭中心　邮编　100020）
承印者：　北京尚唐印刷包装有限公司

开本：880mm×1230mm 1/32　　印张：12　　　字数：261 千字
版次：2022 年 6 月第 1 版　　　　印次：2024 年 1 月第 2 次印刷
书号：ISBN 978–7–5217–4275–6
定价：78.00 元

# 心理学迷宫的"导览"

这是一本心理学通识笔记。

这本笔记将如何帮助你学习心理学？在翻开第一章之前，请先看一下简单的介绍。

### • 为什么要了解心理学？ •

无论对自己还是对别人，我们总是充满好奇：为什么刚学过的东西转头即忘？为什么有时很难控制自己的情绪？为什么很多平时温和的人在网络上却成了戾气横生的"键盘侠"？……

我们也总是希望在很多事情上得到有效的指导：如何改掉坏习惯？怎么提升学习能力？怎样建立良好的人际关系？……

为了寻找可靠的解释，我们需要求助于心理学。它通过对人类的行为和心理进行科学的研究，向我们解释"为什么"，帮我们探求"怎么办"。

## •　什么是心理学通识？　•

　　大众媒体充斥着海量有关心理学的信息，如何判断它们是否准确？怎样才能成为一个明智的心理学知识与信息的消费者？答案在于"通识学习"。

　　现代心理学创立至今虽然仅有一百多年，但已经有几十个细分领域。各个领域的心理学家通过积累和更新，不断地拓宽知识的边界。与其他学科一样，心理学有其研究脉络和主要理论、基本的思维方式以及看问题的视角，这就是其"通识"的部分。

　　这本书介绍的心理学通识，系统地涵盖了心理学领域最基础的知识、研究成果和思考问题的方式。对于非心理学专业的读者来说，心理学的通识学习将帮助你构筑一个"地基"，让你成为一个有鉴别力的、明智的心理学信息消费者，同时可以更高效地构建自己的知识大厦。

## • 这是一本什么样的笔记? •

　　一个普通学习者进行通识学习会有很多选择:教科书、专著、科普图书、音视频……我们将用一本笔记向你呈现心理学通识。

　　放心,这不是枯燥的考试笔记,不用背知识点!但是,它具有考试笔记的特点——内容条理清晰,要点明确;它还用生动的插图来解释重点和难点,让你一目了然。全书二十一章的内容覆盖了心理学的基本主题。每章仅仅需要十多分钟的初步阅读时间,就能让你了解该主题的知识框架和基础内容。

　　这本笔记的创作者是北京大学心理与认知科学学院(以下简称"北大心院")爱好科普写作的"学霸"们,而北大心院的张昕副教授为这本笔记做了专业的审核与把关。

总之，这是一幅为你精心绘制的心理学迷宫"导览图"。

也许你是一名中学生，希望在将来选择专业前了解一下这个学科的学习与研究内容；也许你是一名其他专业的大学生，希望通过自主阅读进行心理学的通识学习；也许你是对心理学感兴趣的职场人士，曾读过一些关于性格分析、亲密关系和原生家庭等涉及心理学的文章，但没有时间和精力去翻开大部头的专业教科书或专著仔细钻研。

那么，这本心理学通识笔记正是你需要的！在科学严谨的前提下，它用通俗易懂的方式向你呈现了一个心理科学的"导览"，带你一览心理学的学科脉络与重要研究成果。

希望它能作为你进一步了解心理学的线索。

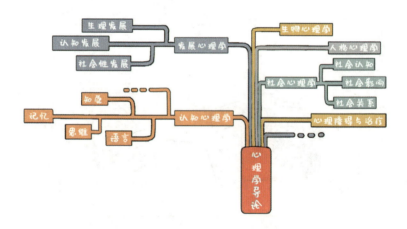

# 目录

# 第一章

# 心理咨询？性格分析？
# 也许你误解了心理学

1907 年，美国一位医生设计了一个实验：监测几个濒死病人的体重变化，以测量灵魂的重量。其中一个病人在死亡的瞬间体重下降 21 克，这位医生由此得出结论："灵魂的重量是 21 克"。虽然他的实验方法漏洞百出，他发表的论文也很快受到了科学界的质疑和反驳，但"灵魂的重量是 21 克"的说法却在大众文化中流传甚广，甚至一百多年后还有音乐和影视作品以此为题。

这个所谓的实验，是几千年来人类对灵魂与心智不懈探索的一个微小片段。"心理学"的希腊语词源 psyche 指的就是灵魂或心智。到了今天，人们对心理学的探索取得了什么成果？还有多少未解之谜？我们将在这一章一瞥其概貌：心理学到底研究什么？能够应用在日常生活中的哪些方面？这个学科是怎么发展起来的？它能带给我们怎样的看问题的角度？

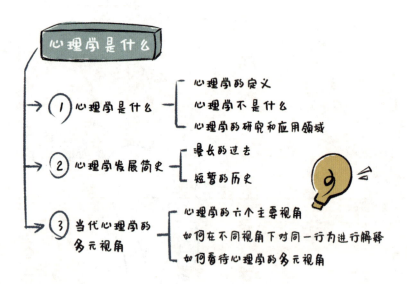

心理学是什么

① 心理学是什么 ——— 心理学的定义
心理学不是什么
心理学的研究和应用领域

② 心理学发展简史 ——— 漫长的过去
短暂的历史

③ 当代心理学的 ——— 心理学的六个主要视角
多元视角 如何在不同视角下对同一行为进行解释
如何看待心理学的多元视角

## 一、心理学是什么

提到心理学，很多人可能首先会想到心理咨询、性格分析、育儿方法以及人际关系的处理等。心理学的确研究这些内容，但远不止于此。它是一门有着广泛研究领域和应用场景的科学。

**1 心理学的定义**

心理学（psychology）是研究行为和心理过程的科学。这个定义包括两个要点：

- 心理学研究的对象包括可以直接观察到的**行为**（如面部表情、身体动作等），也包括不能直接观察到的**心理过程**（如意识、思维、动机等）。
- 心理学是一门**科学**，结论建立在用**科学方法**收集到的证据基础上。

💡**提示**

虽然科学心理学在 19 世纪诞生之初就非常关注对意识的研究，但是在 20 世纪相当长的一段时间里，心理学仅仅被定义为对"外显行为"的研究，因为当时的心理学家认为，只有可观察到的行为才能作为客观的科学研究对象。之后，随着科学的进一步发展，心理学家设计出了能对认知过程进行研究的方法，"心理过程"才重新回到心理学的定义中。

## 2 心理学不是什么

下面是对心理学一些比较常见的误解。

◆ **心理学是精神病学吗?** *NO!*

精神病学属于医学,而非心理学的一个专业方向。精神病学家认为很多心理障碍有生理基础,倾向于从医学的角度治疗患有比较严重的心理障碍(如精神分裂症、重度抑郁症)的病人,常常会采取药物治疗为主、心理治疗为辅的方式。

心理学不仅研究异常心理,还研究各种心理现象的规律。心理治疗师和咨询师基于心理学理论,倾向于解决来访者在认知等方面的问题。他们采用多种方法(例如我们熟悉的谈话治疗)帮助来访者解决心理问题。

◆ **心理学是教人做心理咨询的吗?** *NO!*

心理咨询是心理学的一个应用分支,但并非所有学心理学的人都是做心理咨询的。在后面的内容中你将看到,心理学包含非常广泛的研究和应用领域。

◆ **心理学会读心、解梦吗?** *NO!*

星座运势、解梦、读心术等是一些没有科学根据的说法。对于这些伪心理学的内容,我们将其作为好玩的消遣未尝不可,但在做重大决定时,最好不要把它们当作可靠的依据。

## 3 心理学的研究和应用领域

心理学既是一门理论学科,又是一门应用广泛的学科;心理学家会不断研究寻找新的观点和理论,也会将这些研究结论用于现实生活，解决实际问题。

◆ **心理学的研究领域：**

心理学的基础研究主要由高校和研究机构的心理学家进行，他们从事教学和科研工作，贡献了心理学的大部分理论知识。

▷ **生物心理学：** 研究心理活动在生理上的机制，重点关注大脑的神经活动。它们是人类心智活动的"硬件"。

▷ **认知心理学：** 研究人的认知过程，如感知觉、记忆、语言和思维等。它们是人类心智活动的"软件"结构和工作方式。

▷ **人格心理学：** 关注人们的人格特征和个体差异，以及塑造人格的因素。

▷ **发展心理学：** 研究人一生的成长和发展过程中心理的变化规律。在生命的每个阶段，人们在生理发展、认知发展和社会性发展方面都有不同的特点。

▷ **社会心理学：** 研究在社会情境下，人们如何看待自己和他人，如何建立关系、进行互动，如何互相影响。

此外还有**实验心理学、心理测量**等研究领域。

◆ **心理学的应用领域：**

应用心理学家将专业理论应用于解决实际问题。他们除了在心理咨询机构或学校从事心理咨询外，还可以从事培训、用户研究、人力资源和管理咨询等工作。

> ▷ **临床与咨询心理学**：临床心理学与咨询心理学都是心理学的重要应用分支，它们的工作有交叉之处。临床心理学侧重于对心理障碍进行评估、诊断、解释与治疗，而咨询心理学则更注重通过心理咨询技术，帮助人们处理婚姻家庭、人际交往和职业生涯发展等方面的问题，促进身心健康发展。

> ▷ **工业与组织心理学**：通过研究工作中人的行为规律，改善工作环境、评价员工潜力、提高员工满意度等，帮助企业更好地适应变革和发展。

> ▷ **学校与教育心理学**：学校心理学关注学生的心理健康教育，协助学校和父母解决校园相关问题，如学习障碍或青少年不良行为等。教育心理学关注学习的原理与过程，以及教师应如何运用有效的教学方法来促进学生的学习。

> ▷ **其他**：司法心理学为律师和法官提供帮助；运动心理学帮助运动员提高成绩；消费心理学帮助公司开发或宣传新产品；人因心理学 ① 帮助公司设计出舒适、安全和用户友好型产品。另外，心理

---

① 新兴的交叉学科，致力于将心理学理论应用在产品设计、工作环境改善和工作效率提升等方面。

学还在人工智能研究中起着重要的推动作用。

## 二、心理学发展简史

德国心理学家艾宾浩斯说："心理学有着漫长的过去，但只有短暂的历史。"回溯心理学发展的历史，我们可以看到人类如何在理解自己的道路上进行孜孜不倦的探索，了解心理学如何发展成为今天的样子。

### 1 漫长的过去

自古以来，人类就对神秘的精神世界感到好奇。古代的哲学家、神学家、教育家从未停止过对心灵、意识、欲望等问题的探讨。

例如，古希腊哲学家提出的"先天—后天"之争——人的认知能力和知识是生而有之，还是通过经验获得，至今仍是心理学研究的问题。但心理学在 19 世纪成为独立学科之前，对这些问题的研究主要使用哲学方法（比如观察与演绎）。

又如，心理测量的实践活动，可以追溯到一千多年前中国的科举制度；英国东印度公司借鉴中国的科举制度进行人员选拔，将测验的基本方法论引入了西方世界，最终在科学化浪潮中形成了系统的心理测量学。

### 2 短暂的历史

科学心理学仅有一百多年的短暂历史。19 世纪中叶，受生物科学影响及物理学发展的启发，心理学在哲学基础上发展为一门独立学科。1879 年，德国生理学家、心理学家威廉·冯特在莱比锡大学建立了世界上第一个心理学实验室，标志着科学心理学的诞生。

在心理学诞生后的头几十年中，不同学派的心理学家对心理学的研究主题和研究方法展开了激烈辩论。下面是几个主要学派的代表人物、主要观点和研究方法。

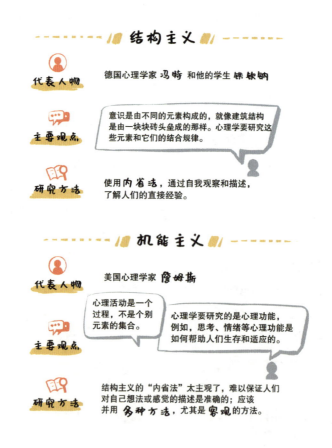

**结构主义**

**代表人物**　德国心理学家 冯特 和他的学生 铁软钠

**主要观点**　意识是由不同的元素构成的，就像建筑结构是由一块块砖头垒成的那样。心理学要研究这些元素和它们的结合规律。

**研究方法**　使用 内省法，通过自我观察和描述，了解人们的直接经验。

**机能主义**

**代表人物**　美国心理学家 詹姆斯

**主要观点**　心理活动是一个过程，不是个别元素的集合。心理学要研究的是心理功能，例如，思考、情绪等心理功能是如何帮助人们生存和适应的。

**研究方法**　结构主义的"内省法"太主观了，难以保证人们对自己想法或感觉的描述是准确的；应该并用 多种方法，尤其是 客观 的方法。

## 精神分析学派

**代表人物** 奥地利精神病医生、心理学家 **弗洛伊德**

**主要观点**
"无意识"支配着人的心理和行为。

心理障碍是内心深处的情感或欲望被压抑的后果。

**研究方法** 用 **精神分析** 的技术，通过对梦境、口误的分析和自由联想等手段探查无意识的内容。

## 行为主义

**代表人物** 美国心理学家 **华生** 和 **斯金纳**

**主要观点**
心理学不应该研究意识、无意识这些不客观的东西，而是应该研究外显的、可以观察到的行为。

人的行为完全由环境控制和决定，你不需要知道一个人在想什么，你只要观察环境中特定的刺激和一个人的外在反应之间的关系就够了。

**研究方法** 用 **客观** 的实验方法研究可以观察到的行为。

## 格式塔心理学

**代表人物** 德国心理学家 **韦特海默** 等

**主要观点**
反对将心理分解成元素，而是强调将知觉、学习、思维等心理活动作为整体进行研究。

整体大于部分之和（格式塔，Gestalt，在德文中意为"整体"）。

**研究方法** 重视 **实验研究**。

《心理学的故事：源起与演变》

如果想进一步了解心理学的历史，可以阅读这本经典的心理学入门书籍。作者用生动的语言和有趣的故事介绍了心理学的发展脉络。通过对心理学历史的深入了解，你将对心理学的研究方法以及心理学众多领域的重要理论有更为准确的掌握。

作者 ▶
【美】莫顿·亨特（Morton Hunt）
出版社 ▶
外语教学与研究出版社

## 三、当代心理学的多元视角

在 20 世纪 30 年代后，心理学流派纷争的局面缓和，各个流派间出现了互相吸收、互相融合的局面，不同的思潮成为心理学研究的不同视角，每个视角上都有自己独特的理论来解释人类的心智和行为，汇聚成当代心理学的多元视角。

**1** 心理学的六个主要视角

◆ **生物心理学视角**

心理是生理的产物。生物心理学家从人的大脑、神经与内分泌系统和遗传基因等方面解释人的行为与心理。

生物心理学视角有两个不同的方向：

---

**神经科学**

神经科学家研究人类的神经系统（最重要的是大脑）的结构和功能。例如，通过对脑损伤病人的研究，神经科学家能够揭示出大脑不同脑区的功能。

---

**进化心理学**

进化心理学家认为，人类的很多心理特质和行为方式来源于远古时期形成的遗传倾向。我们的祖先在环境的自然选择中，把最利于生存和繁衍的基因遗传给了后代。

---

◆ **现代认知视角**

20 世纪中期，随着信息技术的发展，现代认知心理学兴起。它将人脑与计算机进行类比，用信息加工的过程解释人的认知过程，研究知觉、注意、记忆、语言等心智"软件"的结构和工作机制。

研究"软件"的认知心理学与研究"硬件"的神经科学相结合，诞生了**认知神经科学**，专门探索认知功能和大脑活动之间的关系。例如，通过脑扫描技术能够"透视"大脑在心理活动时的状态，获得更多客观的数据。

### ◆ 行为主义视角

行为主义视角关注外界刺激如何影响人的行为，主张通过改变环境来改变行为。

行为主义学派虽然已经成为历史，但行为主义的研究视角仍有很多现实的应用，比如通过外部刺激和奖惩措施影响学习，通过"强化"帮助人们建立健康行为，消除不健康行为。

### ◆ 全人视角

如何全面地了解人格，对完整的人做出解释？三种不同的观点构成全人视角：

**心理动力学观点**

弗洛伊德的精神分析理论和其后发展出的新弗洛伊德学派，用无意识心理和内部动机来解释人的行为，治疗心理障碍。

**人本主义观点**

关注人性中健康与积极的一面，认为人天生具有成长和自我实现的需求，强调自由意志和人的发展潜能。在人本主义心理学的基础上诞生的积极心理学，通过采用实证研究的方法促进人的发展与幸福以及良好的社会环境的形成。

**特质与气质观点**

人和人的差异源自每个人内部稳定的人格特征，包括先天气质和后天形成的性格。例如，外倾（亦称"外向"）和内倾（亦称"内向"）这两种特质，是对人与人差异的最基本区分。

◆ **发展视角**

不同于生物学视角强调天性、行为主义视角强调环境，发展视角强调遗传与环境的相互作用。

发展视角认为，人们在生命的不同时期，会产生不同的想法和行为。而促成心理和行为改变的，正是来自遗传与环境的影响。

◆ **社会文化视角**

社会文化视角重视**情境**的力量，认为社会情境和文化情境对人的影响力有时会超过前面提到的遗传、学习、无意识等因素（情境是在特定时间和情况下直接影响人的行为和心理的微观环境，例如群情高涨的球场观众席，就是一种特定的情境）。

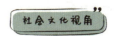

以前主流的心理学理论都是在西方文化背景下研究的，它们是否适合更为广泛的文化和人群，这是跨文化心理学所关注和研究的问题。

**2 如何在不同视角下对同一行为进行解释**

以"攻击行为"为例，为什么有些人总是比另一些人更有攻击性？下面我们用不同的视角进行分析。

◆ **生物心理学视角**

攻击行为有生物基础；刺激大脑的某些区域，能激发或终止攻击行为。有的人受遗传影响，会更容易表现出攻击行为。

◆ **现代认知视角**

研究具有攻击性的人是如何加工信息的。例如，具有攻击性的人比其他人更容易感受到身边人或事的威胁性，从而更容易做出暴力反应。

◆ **行为主义视角**

行为是通过学习获得的，攻击行为也不例外。如果一个人因动用武力的行为得到了好处，或者在家庭和社会中经常被"示范"这种行为，那么他就更有可能做出攻击行为。

◆ **全人视角**

心理动力学认为攻击是对挫折的反应，如果一个人达到自己目标的行为受阻，就会产生攻击行为。

人本主义观点认为，人并非生来就具有攻击性，一个人会产生攻击行为，是因为没有获得充分的鼓励，成长的过程受到了阻碍。

特质与气质观点着重研究攻击行为的个体差异，以及这种行为特点是否随着年龄、环境等的变化依然保持相对稳定。

◆ **发展视角**

研究人类攻击行为的起源和发展模式，以及它们与遗传和环境的关系。

◆ **社会文化视角**

文化会影响人们的攻击性，例如，有的文化背景更为鼓励或宽容攻击行为，攻击行为就表现得更为普遍。

## 3 如何看待心理学的多元视角

我们可以把这些不同的视角看作心理学工具箱中的工具。不同的视角可以发现和回答不同的问题，但也有各自的局限，可以互为补充。每种单一的视角都不能单独揭示事物的全貌，但每一种视角都有助于我们更深一步地理解人类的心理现象和行为。

心理学作为一门学科，发展尚在襁褓阶段，对于许多问题还远远不能给人以满意的解答；但也正因为如此，每一个对自己、对世界、对人类感到好奇的人，都有机会在这里找到一条适合自己的路，开启前往人类心智深处的漂流。

无论心理学的明天如何，几乎可以肯定的是，未来的许多发现将跟过去一样，在不同的范畴内有利于人类的发展，从芝麻小事到重大事项——从儿童教育的改善和记忆力的提高，到教育系统的重大改良、种族歧视及民族仇恨的消除。

——莫顿·亨特，《心理学的故事》

# 💡回顾与思考

　　心理学是研究行为和心理过程的科学，既是一门理论学科，又存在广泛的应用领域。人类几千年来都在探讨精神世界的问题，但直到 19 世纪中叶以后，得益于自然科学的迅猛发展，心理学才在哲学基础上发展为一门独立学科。

　　心理学诞生之初的不同流派之争，汇聚成了当代心理学的多元视角，在不同的视角下可以发现和回答不同的问题，有助于我们更深入地理解人类的心理现象和行为。

---

**请结合本章的内容，思考如下问题：**

❓ 在阅读本章之前，你认为心理学主要研究什么内容、有什么作用？你所接触到的心理学知识和信息的主要来源是哪些？

❓ 本章介绍的心理学多元视角对你有什么启发？以你最感兴趣的一个心理学问题为例，初步思考一下，用多元视角会如何研究和解答这个问题。

第二章

# 研究方法：
# 传言跟科学的差别在哪里？

亲爱的朋友，我已经从某种途径知道了你是哪个星座的，不信请看下面这段话对你的描述是否准确：

> 你很渴望得到别人的喜欢和欣赏。虽然你有时候表现得容易亲近，但其实内心想要逃避。你会为了别人勉强自己，但其实你很怕麻烦……

如果你觉得"太神奇了，确实是这样"，那就陷入了"巴纳姆效应"①的陷阱：人们很容易相信一些笼统空洞的人格描述，并认为特别贴合自己。实际上，刚才那段话是不是放在谁身上都合适呢？

在上一章我们提到，星座运势、解梦、读心术等都没有科学根据，不是真正的心理学。那么，为什么说心理学是一门科学？它的科学性体现在哪里？

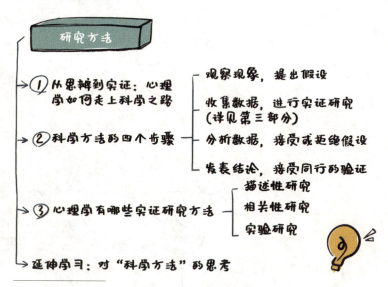

研究方法
① 从思辨到实证：心理学如何走上科学之路
② 科学方法的四个步骤
- 观察现象，提出假设
- 收集数据，进行实证研究（详见第三部分）
- 分析数据，接受或拒绝假设
- 发表结论，接受同行的验证
③ 心理学有哪些实证研究方法
- 描述性研究
- 相关性研究
- 实验研究
延伸学习：对"科学方法"的思考

---

① 巴纳姆是 19 世纪美国的一位马戏团老板，他分析说，自己之所以很受欢迎，是因为节目中包含了每个人都喜欢的成分，所以"每一分钟都有人上当"。

## 一、从思辨到实证：心理学如何走上科学之路

心理学在漫长的时间里一直处于哲学的襁褓之中，采用的研究方法是哲学思辨。

在科学的前身——自然哲学中，人们依赖简单观察和抽象演绎的手段来总结人类精神的本质。例如，亚里士多德曾经分析人类的"灵魂"结构，认为灵魂包括三个部分：植物性灵魂（摄取营养、生长发育）、动物性灵魂（感觉、运动等功能）以及理性灵魂（思维、判断等能力）。

19世纪末，随着自然科学，尤其是生理学和物理学的发展，科学家开始采用"客观的科学方法"来研究心理现象。**科学方法的核心是实证研究。** 科学家对一些现象提出假设时，需要收集实际的证据来检验假设，并根据证据来进行修正。当心理学家也采用科学方法而非哲学沉思或者世俗智慧来解释人类行为与心智时，心理学就成了一门科学。

是什么使心理学成了真正的科学？是方法。

——菲利普·津巴多，《津巴多普通心理学》

## 二、科学方法的四个步骤

不同的科学领域虽然研究的对象不一样，但研究所采用的科学方法是一致的，大体上可以分为四个步骤：

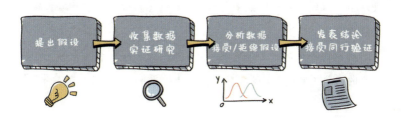

**第一步：观察现象，提出假设**

科学家对某些现象产生好奇，提出猜测性的想法或解释；或者在已有的科学理论基础上，通过逻辑推理对未知规律做出预测。这些可以被检验的想法、解释或预测，就叫作**假设**。假设必须是"可以被检验的"，也就是说，是可以被证实或证伪的。

以美国心理学家罗伯特·罗森塔尔对"自我实现的预言"的研究为例。

**注意到的现象：**我们对事件的期望常常会变成现实。

**提出的假设：**老师对智商测试分数更高的学生有更高的期待，这种期待会影响学生的表现，即被赋予更高期待的学生会表现得更加出色。

接下来可以根据这个假设，选择合适的方法进行实证研究。

**第二步：收集数据，进行实证研究**

提出假设之后，如何验证其正确与否？这就需要收集客观数据。心理学家通常是在自然的生活情境中，或在实验室控制条件下收集并分析数据，以判断所提出的假设是否能够得到支持。

根据研究目的和条件的不同，心理学家收集数据时会采用不同的方法。本章第三部分将介绍三类主要方法。

也许你会好奇上面这个"自我实现的预言"如何做实证研究，这里简要介绍一下实验设计：

● 研究者对 6 个年级的所有学生进行一次智商测试，并告诉老师这个测试能够预测学生未来的学术成就（实际上测试并不具备这个能力）。

● 向每个班的班主任提供一份本班测试成绩排名位于前 20% 的学生的名单（实际上排名是随机抽取的，并非测试的真实成绩）。

● 学年结束时，对所有学生再次进行同类智商测试，计算每个学生的分数变化程度。

### 第三步：用统计方法分析数据，接受或拒绝假设

数据收集完成后，需要对数据进行处理和分析，看看结论是否"在统计上显著"，也就是说，是否有足够大的把握来证实假设。

统计分析的方法在自然科学和社会科学领域应用广泛，统计课程也是心理专业学生的必修课。感兴趣的读者可以阅读相关书籍，在此不展开陈述。

继续上面的例子，"自我实现的预言"得到的实验数据表明：老师以为的第一次测试成绩名列前茅的学生（实际上是随机抽取的学生），在学年结束时的测试中，成绩提高幅度显著高于其他学生，证实了期望效应的作用。数据还表明，这一作用在低年级中更为明显。

### 第四步：发表结论，接受同行的验证

当研究者将其成果向专业期刊投稿后，要通过几轮评审才可能发表，其中同行评审是最为专业、严格的，以确保其逻辑的严密性和结果的可靠性。成果发表后，还要接受更大范围的同行的检验和批判。同行们可以挑战作者的实验设计和统计分析，或者根据他对方法的描述去重复他的实验。科学就是在不断对现有结论的批判中进步的。

罗森塔尔的研究成果发表之后，有学者对研究结果进行质疑，与罗森塔尔进行了持续的讨论，并公开发表了他们的对话（实验的详细过程和分析可参见本章推荐书籍《改变心理学的 40 项研究》）。

## 三、心理学的实证研究方法

前面提到，科学方法的第二步"收集数据，进行实证研究"是

非常关键的步骤。心理学的实证研究方法主要分为三类：描述性研究、相关性研究和实验研究[①]。每种研究方法都有自己的特点和适用的条件，选取何种方法取决于具体的研究目的。

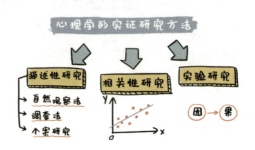

### 1 描述性研究

这类研究的目的是对事物进行描述，主要包括三种方法：

◆ **自然观察法**

在自然条件下，不带干预地对研究对象进行观察，比如在野外观察动物的行为或者在超市里观察人们的购物行为。观察法可以看到研究对象在不受干预的情况下的表现，但是也存在一些问题，比如想要观察的行为没有在观察期间出现。

◆ **调查法**

如果你想了解人们的态度或偏好等信息，比如对某种行为是否道德的判断或者对不同品牌的偏好，就可以采用问卷调查的方式，直接向研究对象询问相关信息。问卷调查能够以较小的成本收集大量的数据，易于统计分析；但其劣势在于，问卷设计合理

---

① 研究方法分类参考戴维·迈尔斯，《心理学导论》（第9版）。

性、样本偏差、被调查者是否如实回答等因素，会影响问卷数据的可靠性。

◆ **个案研究**

个案研究就是只关注某些特殊的个体，比如在临床研究中，心理学家会对一些特殊的人进行深度研究。"盖奇的头骨"是心理学的一个著名个案。

1848 年，美国铁路工人盖奇在爆炸中被铁棍击穿了头骨，但幸存下来并继续活了十多年。康复之后，原本性格温和的他变得固执粗鲁、喜怒无常。盖奇去世后，脑科学家对他的颅骨进行研究，发现大脑额叶损伤会导致理性决策能力、社会行为和情感处理能力下降。

对一些特殊案例的研究能够得出非常有价值的结论，但缺点在于研究对象的人数过少，很难得出一般性结论。

## 2 相关性研究

心理学家往往对事物之间的关系很感兴趣，比如父母的社会经济地位和孩子语言发展之间的关系，又如一个人的内向或外向性格与其职业成功之间的关系。为了解两个变量之间的关系，心理学家会采用相关性研究。

两个变量之间可能存在三种相关关系。

▷ **正相关：**两个变量朝着相同的方向同时变化。

▷ **负相关：**两个变量朝着相反的方向同时变化。

▷ **零相关：**两个变量之间没有关系。

例如，为了研究孩子学习成绩与家庭收入状况是否相关，我们收集同一学校同一年级的 100 个学生的成绩和他们家庭收入的数据，变量 $x$ 为"家庭平均年收入"，变量 $y$ 为"过去一学年主科平均成绩"，并绘制到坐标图上。下面三个图分别体现了两个变量之间为正相关、负相关或零相关时的情形。

💡**提示**

相关法是很常见并且有价值的研究方法，但相关关系不意味着因果关系。A 与 B 相关，有三种可能：A 引发 B；B 引发 A；第三个变量 C 同时引发了 A 和 B。

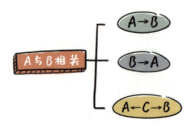

例如，如果你观察到经常玩暴力游戏的儿童更容易做出危险行为，那么可能存在三种解释：

A. 玩暴力游戏导致儿童更容易做出危险行为；

B. 更容易做出危险行为的儿童更喜欢玩暴力游戏；

C. 第三方原因（比如缺乏家长监督和管教）导致儿童更容易做出危险行为，同时也会玩更多的暴力游戏。

## 3 实验研究

很多时候，我们并不满足于知道两个变量之间有关系，还想了解两个变量之间是否存在因果关系，即一个变量的变化是否会导致另外一个变量的变化，这时就需要做实验研究——在严格控制的条件下收集数据，以确定因果的一套特定程序。

我们用上面"暴力游戏与危险行为"的案例来说明实验研究的方法。

研究人员通过实验的方式收集数据：将参与实验的 200 多名儿童随机分配去玩暴力游戏和非暴力游戏，之后让他们待在房间里，房间的壁橱里放着道具手枪，观察他们是否主动去触碰手枪和扣动扳机。

实验的步骤和设计实验时主要考虑的因素如下。

◆ **确定实验中的变量**

▷ **自变量：**我们假设的原因。在这个例子中，自变量为"是否接触暴力游戏"。

▷ **因变量：**因变量是结果变量，随着自变量的变化而产生变化。在这个例子中，因变量是"儿童做出危险行为的倾向性"。

◆ **对变量进行定义和测量**

▷ **操作性定义：** 用可观察、可测量、可操作的术语对变量进行描述。比如，研究者把"儿童做出危险行为的倾向性"定义为"触碰手枪、扣动扳机的比例"。

▷ **测量变量：** 由于变量都是可观察、可测量的，实验人员需要对变量的数据进行记录，以便进行后续的统计分析。

◆ **实验组、控制组和随机分配**

为了考察自变量（是否接触暴力游戏）的影响，参与实验的儿童被分配到"玩暴力游戏"和"玩非暴力游戏"两组。前者是**实验组**，即接受实验条件的组；后者是**控制组**，作用是与实验组进行比较。

实验人员不能让儿童自己选择进入哪组，否则可能会导致本就更容易做出危险行为的孩子选择暴力游戏，从而无法得出因果推论。实验人员将儿童**随机分配**到两个组，这样能尽量平衡两组之间在其他方面（比如性别、家庭因素等）的差异，使实验结果的差异主要

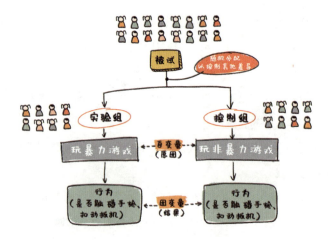

来自自变量（是否接触暴力游戏）的影响。

◆ **控制实验中的偏差**

实验过程中还可能有一些因素会对结果造成影响，包括：

▷ **被试效应：**"被试"指接受心理学实验或测试的对象。如果被试想要表现为一个"好被试"，就可能会猜测实验目的，然后按照实验人员的期望来表现。

➡ 应对方法是不让被试知道实验的真正目的。被试不知道自己被分在实验组还是控制组，就不会特意调整行为。研究人员有时甚至会向被试杜撰一个研究目的。但这种"欺骗"行为的使用需要经过伦理委员会的批准，确保参与者不会受到伤害，且要在实验结束后向参与者说明真实的实验目的。

▷ **实验者效应：**实施实验或测试的人称为"主试"。如果进行实验的主试对实验结果有所预期，那么其在实验过程中可能会不自觉地表现出期待或暗示，从而影响或无意中引导参与者的表现，影响实验结果。

➡ 应对方法是让主试也不知道被试属于实验组还是控制组。主试和被试都不知道分组情况，这样的设计称为"双盲控制"。但研究者怎么能"盲"呢？他们可以设计好实验后，雇用实验助理来实施实验、收集数据。

《改变心理学的 40 项研究》(第 7 版)

本书深入阐述了心理学十个不同领域中具有里程碑意义的 40 项研究。针对每一项研究，都以"理论假设—研究方法—结果—讨论—批评—近期应用"的结构进行阐释（正是本章第二部分介绍的科学方法的步骤），向读者展现了严谨而又妙趣横生的科学心理学。

作者 ▶
【美】罗杰·霍克（Roger R. Hock）
出版社 ▶
人民邮电出版社

👓延伸学习

## 对"科学方法"的思考

心理学所采用的科学方法是完美和万能的吗？得出的研究结论是真理吗？下面简要谈谈我们如何看待科学方法。

### 1. 科学研究的可重复性

一项研究能否被重复实施并出现相同的结果，是判断研究结果可靠与否的重要标准。尽管科学心理学家对心理测量和实验方法按科学要求进行了标准化，但人类心理和行为的复杂性，以及实验操作条件和环境的影响，使得心理学研究难以企及自然科学的客观性。因此，心理学研究的可重复性问题受到重点关注。

2015 年,《科学》杂志发表了一个名为"开放科学合作"团队的研究结果:从心理学顶级期刊中选取 100 项研究进行重复实验研究,仅有 36 项呈现显著效应。这一事件引发人们对心理学科学性的质疑,被称为心理学研究的"可重复性危机"。

心理学家对此进行了积极探讨:如何看待实验误差,如何评估实验成功率和解释力,以及重复性研究的方法等。这种探讨将有利于进一步提高心理学研究的可重复性。

### 2. 科学研究的结果是真理吗?

用科学方法得出的结论只是相对的真理,永远在接受着新研究结论的威胁和批判。当新的发现纠正或者补充了之前理论的偏差和不足,科学便在自我否定中取得了进步。心理学家丹尼尔·吉尔伯特曾说:"科学是一个人们朝着真理跌跌撞撞前行的过程。"

另外,我们也要看到,生活中很多问题并不是用科学的方法就能解决的,涉及伦理道德、价值观、美学等方面的一些问题,需要通过科学之外的其他方法来寻找答案。

### 3. 为什么需要科学方法?

虽然科学方法并非完美和万能,但它是目前已知的了解世界的最好手段。作为科学家群体共享的思维模式和交流方法,科学方法会不断积极地批判和更新自己的结论。知识的公有使得全球科学家能够在同一栋大厦上进行建造,哪怕相隔百年或相距千里。

科学方法的过程——检验假设、评估证据、分析结论,体现的正是**批判性思维**。拥有批判性思维的人,从不盲信,不会被他人的观点所左右,而是以谦逊和怀疑的态度,探寻观点的来源、证据、因果关系和其他的解释，从而做出判断、得出结论。

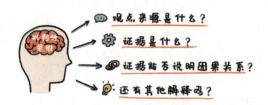

观点来源是什么？

证据是什么？

证据能否说明因果关系？

还有其他解释吗？

　　心理学的复杂性源于人的复杂性，这也正是心理学的魅力所在：有无数的未知等待着好奇的心灵去探索，而在探索的路上，掌握了科学的研究方法，就像手握一把利器，可以使探索之路更为顺畅。

## 书籍推荐

《这才是心理学》（第 11 版）

这本书几十年来被奉为心理学的入门经典，作者是加拿大多伦多大学人类发展与应用心理学教授基思·斯坦诺维奇。他用生动的语言和贴近生活的实例，向读者介绍了心理学的研究方法（系统的实证主义）和思维方式（批判性思维与概率性思维）。这本书将帮助你以科学的态度对待心理学，从而在浩如烟海的心理学信息中去伪存真。

作者 ▶
【加】基思·斯坦诺维奇（Keith E. Stanovich）
出版社 ▶
人民邮电出版社

## 回顾与思考

用科学方法研究心理现象，使心理学成为一门科学。科学方法的四个步骤是：一、提出假设；二、收集数据，进行实证研究；三、分析数据，接受或拒绝假设；四、发表结论，接受同行验证。

上述第二个步骤"实证研究"非常关键，其方法主要包括描述性研究、相关性研究和实验研究三类。其中，实验研究是用于确定因果关系的方法。参与实验的被试被分为实验组和控制组；为控制实验偏差，实验人员会采用随机分组和双盲控制等办法。

### 请结合本章的内容，思考如下问题：

? 你之前印象最深的一个心理学理论或知识是什么？请思考或者查阅：它来源于何处，是用什么方法得出的结论，对这一理论存在哪些不同看法？

? "如果人们在生活中具有对自己负责的能力（控制力），那么其生活态度会更加积极，生活质量也会更高。"如果你是心理学家，基于这个假设，如何在养老院设计一个实验来验证？你也可以参阅《改变心理学的40项研究》中第20个研究"让你愉快的控制力"，看看美国心理学家兰格和罗丁的研究过程。

# 第三章

# 身心关系：
# 大脑是一切心理和行为的源泉

1861 年，法国一位年轻的外科医生保罗·布洛卡向一位刚转院来的病人询问病情，病人只是喃喃地发出"坦"（tan）的声音。但他能理解别人说的话，也能通过手势交流。病人去世后，布洛卡在解剖其脑部时发现，大脑左前侧有一块鸡蛋大小的区域严重受损，几乎没有任何组织。布洛卡认为，正是这个区域受损导致了病人的语言功能障碍。该区域由此被命名为"布洛卡区"。

此后，生理学家通过研究，进一步确定了大脑皮质上负责运动和感觉的区域，以及与思维决策和高级精神活动相关的区域。心理是神经系统的功能，更确切地说，是脑的功能；我们的所感所知所想都是复杂神经活动的产物。因此，了解当代心理学，先要从生物学的视角切入。

那么，行为与心理过程是如何在生物基础上产生的？为什么说心理是脑的功能？

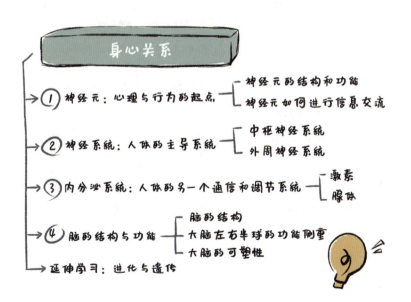

## 一、神经元：心理与行为的起点

心理与行为最主要的物质基础是神经系统。构成神经系统的最基本单元是**神经元**（也叫**神经细胞**）。神经元负责执行信息加工任务，是人类所有思想、情感和行为的起点。

> **1** 神经元的结构和功能——"树突聆听，轴突讲话"

神经元由细胞体、树突和轴突组成，它的基本功能是接收和传导刺激。

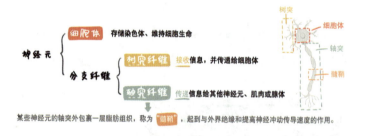

有的神经元轴突很长，从脊髓出发到达脚趾的轴突的长度甚至超过了一米！轴突纤维束组成"神经"，像电缆一样连接大脑、脊髓、身体感受器、肌肉和腺体。

### 📍补充

人体神经系统中，除了神经元，还存在大量的胶质细胞，数量是神经元的10~50倍。胶质细胞的作用是提供营养、清洁死亡的神经元、形成髓鞘维持绝缘、引导神经连接等。

## 2 神经元如何进行信息交流

神经的信息交流过程是一种"神经元电化学活动"，它包含神经元内部的信息传导，以及不同神经元之间的信息传递。这是一个涉及化学、物理学和生物学的复杂过程。

◆ **神经元内部的信息传导——电信号**

神经元细胞膜内外存在着离子浓度差异。当神经元受到外界感觉信号刺激，或者受到邻近神经元释放的化学信息刺激时，电荷就会发生逆转，产生神经冲动，信息便经过轴突进行传导。电信号的传输速度快且稳定。

◆ **神经元之间的信息传递——化学信号**

在电子显微镜问世之前，科学家曾以为一个神经元的轴突分支与另一个神经元的树突融合在一起，进行信息传递。电子显微镜却清晰显现了神经元之间有个小间隙，称为"**突触**"，它是神经元之间传递信息的关键接口。

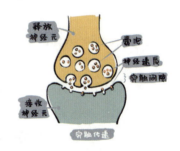

神经元的轴突末端是膨大的球状结构，里面聚集了很多小囊泡，囊泡里含有传递信息的化学物质，称为"**神经递质**"。神经递质流经突触间隙，传到另一个神经元，称为突触传递，过程如下：

电信号到达轴突末端 ➡ 神经递质释放 ➡ 神经递质分子跨过突触间隙 ➡ 接收神经元被刺激，产生电信号

与电信号传递方式相比，突触之间的化学信号传递显得速度较慢，但是它大幅度提高了神经通信的复杂性，造就了人脑极高的计

算力和学习潜能。

目前已经发现了 60 多种神经递质，它们对人的思维、情感与行为产生了不同的影响。大脑中神经递质的不平衡会引发身心失调。以下列举了三种重要神经递质的主要作用：

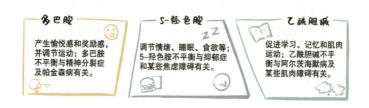

此外，重要的神经递质还有谷氨酸、去甲肾上腺素、内啡肽和 γ‐氨基丁酸等。

## 二、神经系统：人体的主导系统

心理活动与行为的产生，需要数百万神经元在复杂的神经网络中协同工作。神经系统就像人体的信息化部队和司令，负责人体各个系统的调控，实现人体与环境的交互协调。

神经系统分为两个部分：中枢神经系统与外周神经系统。

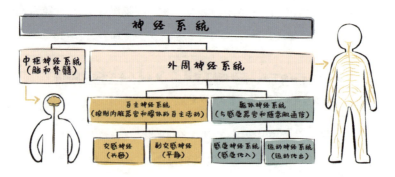

## 1 中枢神经系统

中枢神经系统由脑和脊髓构成，负责对信息的统合、计算和反应规划，并做出复杂决策，如同司令部。脊髓像一条电缆，把大脑和外周神经系统连接起来。它还负责产生无须大脑控制的简单快速的反射，如膝跳反射等。

## 2 外周神经系统

外周神经系统包括分布于人体各处的躯体神经系统和自主神经系统。躯体神经系统如同通信兵，应对外部信息的传入和传出；自主神经系统如同负责基本管理工作的排长、连长，维持身体内部无须中枢参与的基本功能。

### ◆ 躯体神经系统

分为感觉神经系统和运动神经系统两部分。

**感觉神经系统（传入系统）**

负责把外界信息传入大脑，例如，你看见了桌上的一瓶水，这瓶水的图像就由感觉神经系统传入了大脑。

**运动神经系统（传出系统）**

负责把大脑的指令传给肌肉，例如，大脑向手上的肌肉发送指令，你就拿起这瓶水喝了。

### ◆ 自主神经系统

自主的意思是"自我调节"，独立于意识的控制。自主神经系统控制内脏器官和腺体，负责维持人体的基本生命过程，如消化、呼吸和心跳等。它由两个功能相反的部分组成：

**交感神经系统**

"唤醒"人体并消耗能量。遇到威胁时，交感神经使人心跳加快、血压升高，处于兴奋或紧张状态，随时准备行动。

例如，遇到危险时，交感神经系统被激活，人就会有"战斗或逃跑"的反应，表现为手心出汗、呼吸和心跳加速等。

**副交感神经系统**

抑制体内器官的过度兴奋，使人平静下来并保持能量，维持安静状态下心率、血糖等的生理平衡。

例如，人在休息时，副交感神经系统占优势，消化管运动加强、消化腺分泌增多，有利于消化吸收。

## 三、内分泌系统：人体的另一个通信和调节系统

神经系统是在人体内**快速**传递信息的通信系统。此外，体内还有一个**较慢**发挥作用的内分泌系统。这两大通信系统互相影响：神经系统指挥内分泌系统，内分泌系统继而影响神经系统；它们之间

的协作由大脑调节。

**1 内分泌系统通过激素传递信息**

内分泌腺分泌另一种形式的化学递质——**激素**，通过血液循环与身体各部分进行通信。内分泌腺的活动会影响一个人的心境、行为与人格等。

有些激素的化学成分与神经递质相同，但由于激素在血液循环系统中留存的时间较长，所以内分泌系统的信息通常比神经系统的信息更持久。比如，当你被激怒后，即使接受了道歉，愤怒的情绪可能也无法快速平息，这是因为调节情绪的激素还在体内起作用。

|  | 神经系统 | 内分泌系统 |
|---|---|---|
| 相同点 | 都产生化学递质，能够影响情绪和行为 | |
| 不同点 | 神经递质在神经元之间快速传递，空间尺度较小 | 激素通过血液传递，速度较慢，但持续时间较长，空间尺度较大 |

**2 主要的内分泌腺体**

脑垂体是主宰腺体，既分泌激素直接作用于人体，也激发其他腺体产生激素。脑垂体受到大脑中的下丘脑控制。

其他腺体分泌的激素，在不同方面影响身体功能、行为和情绪。例

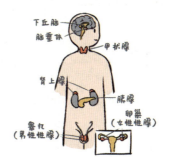

如，甲状腺素控制新陈代谢；肾上腺素加速身体反应、为身体提供更多能量；性激素促进性成熟。

## 提示

去甲肾上腺素和内啡肽等化学信号分子，既是神经递质也是激素，区别在于其产生效用的系统和作用的方式不同。当它们参与神经细胞间的局部通信时，是神经递质；当它们在内分泌系统中产生，并通过血液循环影响身体其他组织时，则是激素。

## 四、脑的结构与功能

脑是中枢神经系统最重要的结构，被严严实实地包裹在坚硬的颅骨内，漂浮在起缓冲、保护作用的脑脊液之中。成人的大脑约重 1.4 千克，是体重的 3%，但其耗氧量和能量消耗却占到了全身的 20%。

脑是我们所有思想和行动的源泉，正如神经科学家所说，"心理就是大脑的所作所为"。

我们先简要了解脑的结构，再看看左、右脑半球各自的功能侧重，最后探讨脑的可塑性问题。

### 1 脑的结构

从下而上，脑可以分成三部分：后脑、中脑和前脑。[①] 相应地，

---

① 依据不同标准，还可以用其他方式对脑结构进行划分。

它们的功能从简单到复杂。

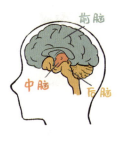

> 人类大脑是由许多形成于进化过程
> 中不同时间段的组件组成的。人类保留了
> 早期版本大脑中工作得最好的那部分，然
> 后在进化的过程中又一点一点地加入新
> 的部分，直到形成我们现在的大脑。
>
> ——丹尼尔·夏克特等著，《心理学》(第三版)

💡 **提示**

划分后脑、中脑和前脑，是为了便于了解脑的结构和功能，但它们
是交互作用、互相依存的，无法独立存在。随着科学家对脑的深入研究，
人类对脑各部分的功能和连接网络的认识还在不断发展，刷新着以前的
认识。

◆ **后脑：控制机体生命的基本功能**

脑和脊髓构成中枢神经系统，脊髓的上端与脑的后下部相连。
后脑由延髓、小脑和脑桥组成，控制生命体的基本功能——呼吸、
睡眠与觉醒、运动与平衡等。

◆ **中脑：视觉和听觉反射**

后脑的上面是中脑。中脑的体积较小，是负责视觉和听觉反射
的低级中枢，使机体在面对环境中的刺激源时，能够进行方向
定位。

◆ **前脑：控制复杂、高级的功能**

前脑可以分成端脑和间脑两个部分。

我们的日常语言对"脑"和"大脑"一般不做明确区分，但在解剖学中，"脑"指的是颅腔内的所有组织，而"大脑"指的是位于端脑、负责高级认知功能的结构，是脑的最主要部分。

大脑中的细胞体密集地聚集在大脑表层，看起来颜色深，叫作**脑灰质**；而神经纤维聚集在大脑内部，由于包裹轴突的髓鞘富含脂肪，所以看起来颜色浅，叫作**脑白质**。我们重点来看最为高级复杂的大脑皮质，也就是灰质部分。

**大脑皮质**位于脑的表面，厚度有 2~4 毫米，由密集的神经元构成，具有典型的沟回结构——下凹的部分称为沟，凸起的部分称为回。沟回结构复杂的折叠增加了大脑皮质的面积：如果把大脑皮质展开，足有 4 张 A4 纸那么大。更大的面积和复杂的空间结构增强了脑内神经活动的复杂性，也赋予了人类独特的心智能力。

每个大脑半球的皮质都被划分成四大区域，从后往前分别是：**枕叶、顶叶、颞叶和额叶**。

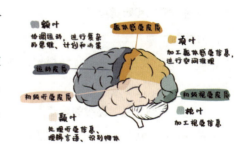

大脑皮质中 25% 的区域有明确的功能。如上图所示，顶叶和额叶上各有一条相邻的躯体感觉皮质和运动皮质，对应了躯体的特定部位；枕叶和颞叶上分别有初级视觉皮质和初级听觉皮质。

其余 75% 的大脑皮质都属于"联合皮质"。四个脑叶中都有联合皮质，它不执行单一功能，而是将获得的信息整合起来，产生整体的理解和意义。

人脑的前额叶皮质（额叶的前端）很大，占据了大脑皮质的三分之一。它与许多高级认知功能密切相关，如注意力调控、工作记忆、推理与决策等。

## 2 大脑左右半球的功能侧重

大脑纵向分为左右两个半球，由**胼胝体**连接。胼胝体是由两亿多条神经组成的神经纤维束，让两个半球互相通信。

研究发现，特定任务的加工更偏向于一侧大脑（称为"**偏侧性**"），例如：左脑通常更擅长语言加工任务，如说话、阅读和写作；右脑则擅长视觉—空间任务、音乐和情绪感知任务等。

### 💡提 示

左右脑功能各有侧重，往往会被通俗理论过分简化为"理性脑"和"感性脑"。实际上，两个半球通过胼胝体实现了丰富的跨半球信息沟通。大多数任务都需要两个半脑一起参与，它们会根据自身专长交换信息，高效执行认知功能。

## 3 大脑的可塑性

大脑并非像电脑硬件那样固定不变，而是具有可塑性，能够为适应环境而调整结构和功能。大脑的可塑性主要体现在两个方面。

◆ **经验对大脑的实质性改变**

研究发现，钢琴演奏家的大脑中，与手指对应的躯体感觉皮质区域较大；出租车司机经常需要用到脑中的海马体进行空间导航，所以他们的海马体比较发达。

◆ **脑区功能可能会重新进行分配**

大脑会适应环境中输入信息的变化。例如，盲人脑中原本用于处理视觉信息的皮质虽然在视觉方面用不上了，但会被重新分配去处理听觉信息，这就是盲人听觉分辨力高于普通人的原因。此外，对受损脑区的研究发现，大脑会调用其他多余的区域，对受损区域进行补偿。

### ? 你知道吗

**"我们只使用了脑的 10%"，这是真的吗?**

这句话可谓心理花园中最顽固的野草之一。不少人相信人脑有 90% 的潜能未被开发的说法，但这是完全错误的。

人脑中所有神经元和突触都参与了人的心智活动，你的潜能取决于你如何训练你的脑去完成特定的任务，无从定量。学习过程就是经验对于神经连接的强化和调整，比如学了开车的人就会有一些神经元被训练参与驾驶相关的心智活动，仅此而已。哪怕是参加"超级大脑"竞赛的人，也并不真的拥有超越人类的大脑，只是在特定任务中被训练得很熟练罢了。

几乎所有现代心理学家都承认，一切心智活动的本质都是神经活动。如今在所有心理学的子领域，都有研究者试图将其研究的主题与神经活动或是脑定位相联系。认知神经科学是科学心理学中浓墨重彩的一个分支。但必须承认，脑和脑中的神经是如此复杂，我们对它们仍然知之甚少。

我们试图理解脑，希望有一天能够直接阅读和解码脑的活动，通过脑机接口来实现脑和外部设备的信息交换。我们甚至幻想有一天能够通过直接刺激脑来产生神经活动，进而形成人造的主观体验，因此有了《黑客帝国》《超体》等科幻作品。我们对脑的探索虽然才刚刚起步，但的确在一步步接近这些梦想。

## 书籍推荐

### 《大脑的故事》

这是一本脑科学的入门科普读物，作者是全世界顶级的脑科学家。这本书通过许多生动有趣的实验和研究，向我们展示了脑科学领域的前沿成果，从脑科学的视角探索感知觉、记忆、意识等领域，并且带我们一起展望未来的前景：随着科学技术的发展，人类能否摆脱生物性的神经系统，跳出生命周期的演化程序？

作者 ▶
【美】大卫·伊格曼（David Eagleman）
出版社 ▶
浙江教育出版社

## 延伸学习

### 进化与遗传

进化心理学与行为遗传学这两个学科都和心理学的生物学视角密切相关。进化心理学用"自然选择"法则来理解行为和心理过程的源起，致力于理解人们的相似性；行为遗传学则分析基因对行为的影响，关注我们的多样性与差异性。

**1. 进化在心理学上的应用**

达尔文提出的进化机制认为，自然选择会使最适应环境的个体生存下来并繁衍后代，从而使物种在适应环境的过程中发生改变。进化心理学用适应和进化来解释心理学的现象。

例如，我们为什么本能地怕蛇而不那么怕电插座？因为祖先具有对蛇的恐惧和警惕以及迅速远离蛇的能力。具有这种能力的祖先得以生存繁衍，并把这种基因传给了我们。而电插座直到现代社会才出现，当然无法在远古的自然选择中发挥作用。

在情绪、合作、择偶和交友等很多主题中，我们都能看到进化心理学追本溯源的解释。但需要注意的是，进化心理学研究的是广泛存在的共性，而不能解释具体的个体差异；而且，对数百万年前的人类先祖进行行为观察是不可能的，这使得进化原则在心理学上的运用往往停留在理论猜测的阶段，仍存在不少争议，如缺乏实验基础、容易被当作万金油滥用等。

**2. 遗传基因与环境的相互作用**

虽然人们有很多共同的行为倾向，但在人格、兴趣等某些重要方面，又具有各自的独特性。这些差异在多大程度上是由遗传基因或者环境所决定的？

人体的每一个细胞核都有控制身体的遗传密码，我们的基因一半来自父亲，一半来自母亲。而基因是否表达出来，则与环境密切相关。在不改变 DNA 序列的情况下，环境影响有可能对 DNA 进行化学修饰，从而打开或者关闭 DNA[①]。

为了探讨基因和环境的影响，科学家经常用同卵双生子（基因极其相似）和异卵双生子（有一半基因相同）的数据进行研究。例如，如果异卵双生子中的一个患有精神分裂症，则另一个患此病的可能性为 27%；而对同一家庭长大的同卵双生子来说，这个可能性上升到了 50%——剩下的 50% 概率来自环境。

> 请不要认为天性与教养是对立的，要记住，天性要经由教养才得以实现。
>
> ——戴维·迈尔斯，《心理学导论》

因此，基因为某些特征设定了一个可能的范围，在此范围内表现出的具体特征是由环境和经历决定的。

---

① 这是"表观遗传学"研究的内容。

## 回顾与思考

　　心理与行为最主要的物质基础是神经系统。神经系统最基本的构成单元是神经元，它们通过电信号和化学信号传递信息。

　　神经系统分为中枢和外周两部分，通过调控人体各个系统，使人体成为统一的整体，并与环境交互协调。此外，内分泌系统与神经系统协作，通过分泌激素，对代谢、生长和生殖等进行调节。

　　脑是中枢神经系统最主要的部分，是心理和行为的源泉。其中大脑皮质负责最为高级复杂的心理功能，赋予人类独特的心智能力。大脑能够为适应环境调整其结构和功能，具有一定的可塑性。

---

**请结合本章的内容，思考如下问题：**

? 你是否记得过去的某些时刻，能够清晰感受到自己生理状态对心理或精神状态产生的影响（反之亦然）？结合本章的介绍，这些感受让你对生理和心理的关系有什么新的理解？

? 你是否了解过有关大脑可塑性方面的事例？大脑可塑性的研究对你有什么启发？

第四章

# 感觉与知觉：
# 我们如何体验世界？

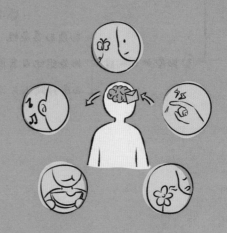

两个身高接近的人走进一个房间，分别站在两个角落。你从房间外透过一个窥视孔往里看去，就会发现其中一个人成了"巨人"，而另一个人成了"侏儒"。这个神奇的房间根据其发明人的名字，被命名为"艾姆斯房间"。

为什么说"眼见不一定为实"？因为我们的感知觉系统可能会造成错觉。那么感觉和知觉是如何工作，如何让我们体验到这个世界的呢？（读到本章第三部分，你会解开艾姆斯房间之谜。）

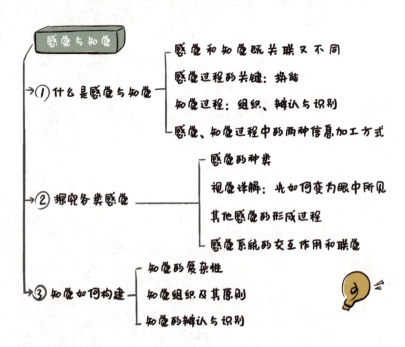

感觉与知觉

① 什么是感觉与知觉
- 感觉和知觉既关联又不同
- 感觉过程的关键：换能
- 知觉过程：组织、辨认与识别
- 感觉、知觉过程中的两种信息加工方式

② 探究各类感觉
- 感觉的种类
- 视觉详解：光如何变为眼中所见
- 其他感觉的形成过程
- 感觉系统的交互作用和联觉

③ 知觉如何构建
- 知觉的复杂性
- 知觉组织及其原则
- 知觉的辨认与识别

# 一、什么是感觉与知觉

眼耳鼻舌身如何与外界连接，并把捕获到的信息变成我们的感受？

## 1 感觉和知觉既关联又不同

### ◆ 什么是感觉与知觉

> **感觉：将刺激转为神经信号传入大脑**
>
> 将外部刺激（如声音、光线）通过人体的感觉器官（如耳朵、眼睛）转变为大脑可以理解的神经信号的过程，就是感觉。
>
> **知觉：大脑对感觉信息进行组织、辨认与识别**
>
> 大脑是知觉器官。对传入大脑的感觉信息进行组织、辨认与识别的过程，就是知觉。

### ◆ 感觉与知觉的过程

以"看见一朵花"这一视觉过程为例，感觉与知觉进行了一场紧凑的接力。

▷ **感觉：** 眼睛接收光能量，探测到颜色与线条的信息，把信息传递到大脑。

▷ **知觉：** 大脑辨认出花朵的样子，并根据我们已有的知识，确认这是一朵花。

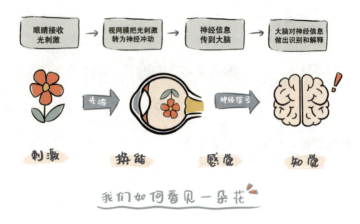

| 眼睛接收<br>光刺激 | → | 视网膜把光刺激<br>转为神经冲动 | → | 神经信息<br>传到大脑 | → | 大脑对神经信息<br>做出识别和解释 |

刺激　　换能　　感觉　　知觉

我们如何看见一朵花

听觉、嗅觉、味觉、触觉等也有类似的工作过程，通过感觉和知觉帮我们解读身边的世界。

◆ **感觉和知觉的联系与区别**

相对而言，感觉更多地取决于刺激的性质，反映事物的个别属性，知觉则反映事物的整体属性；感觉和知觉是连续的过程，两者之间界线很模糊。但在某些情况下，它们的分离很明显，例如脸盲症就是感觉完好而知觉能力有问题。患有脸盲症的人看到的图像跟正常人一样，但大脑皮质中"面孔识别区"[1]受损，因此无法识别面孔。

**2 感觉过程的关键：换能**

光线只到达眼球，并不能直接到达大脑，因此光波的信息需要被"翻译"成大脑可以接收的信息。这个转化过程叫作"**换能**"。

---

[1] 位于右耳后面的颞叶区。

换能是通过"**感受器**"进行的。它是感觉器官上的特殊神经元。不同的感觉系统有不同的感受器，可对不同刺激做出反应，并把神经信号传到大脑：

▷ **视觉的感受器**是视网膜上的细胞，接收光波刺激。

▷ **听觉的感受器**是内耳的耳蜗毛细胞，接收声波刺激。

▷ **味觉的感受器**是舌头上味蕾小孔里的细胞，接收食物中的化学分子刺激。

▷ **嗅觉的感受器**是鼻腔内的嗅细胞，接收空气中的气味分子刺激。

### ③ 知觉过程：组织、辨认与识别

外部刺激的信息经过感受器加工后，传到大脑，经过知觉的组织、辨认与识别过程，最终形成我们的所见、所闻等体验。

◆ **知觉组织**

眼睛捕捉到一些散乱无序的线条、形状和颜色，只有当这些感觉信息被组织起来时，才能形成连贯的知觉，这就是知觉组织的过程，它通常在我们没有觉察的情况下悄然发生。

例如，当你看到一个橙色的长圆锥体和一个红色的球体时，不同的感受器分别加工了颜色信息（橙色和红色）和形状信息（长圆锥体和球体）两类特征信息。如果知觉功能正常，它就会将橙色和长圆锥体整合在一起，将红色和球体整合在一起。

◆ **辨认与识别**

以前见过的东西，我们看到之后能
判断它是什么、叫什么、有什么功能、
如何对它做出反应，这涉及更高水平的
认知加工过程：辨认和识别。

例如，看到厨房的橙色长圆锥体和
红色球体，你能判断出它们是胡萝卜和西红柿。

**4 感觉、知觉过程中的两种信息加工方式**

从感觉到知觉的全过程，有两种不同的信息加工方式。

▷ **自下而上的加工：**感觉和知觉组织属于自下而上的加工过
程，依赖于外界刺激的具体特征（如颜色、音高、气味、温度等），
也被称为"刺激驱动的加工"。

▷ **自上而下的加工：**辨认与识别属于自上而下的加工过程，受
到个人的经验、知识、动机与文化背景等因素的影响，也被称为
"概念驱动的加工"。

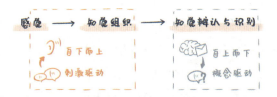

这两种加工方式同时存在。例如，当我们听别人说话时，既需
要自下而上地听清他的发音和所说的词语，从而将话语组合成内容，
又需要自上而下地把我们之前了解的东西与他说的内容相匹配。

不过两者在不同情境中占比不同。在处理熟悉的任务时，我们更清楚背后的机理，心中有更多的假设，在观察事物时自上而下的加工就会更占主导；而在相对陌生的情境中，则是自下而上的加工占主导。

## 二、探究各类感觉

 **感觉的种类**

各种感觉给我们带来丰富的体验，包括视觉、听觉、嗅觉、味觉、触觉、痛觉、前庭觉和动觉。

视觉与听觉向我们输送了绝大部分的信息

视觉

听觉

嗅觉与味觉帮助我们享受美食

嗅觉

味觉

触觉与痛觉给我们带来安慰或者折磨

触觉

痛觉

前庭觉与动觉帮助我们感受身体的位置和运动

- 前庭觉告诉我们，身体（尤其头部）如何根据重力作用确定方位；
- 动觉是对身体部位的位置和运动的知觉

前庭觉与动觉

**2** 视觉详解：光如何变为眼中所见

视觉是各类感觉中最复杂、发展最为完善的，也是感知觉研究中最为充分的。我们从如下三个方面探讨视觉感觉的过程：

? 接收的刺激是什么

? 感觉器官和感受器如何"换能"

? 信号如何传递给大脑

## ◆ 接收的刺激——光波

人眼可见的光谱是电磁能量光谱上很窄的一部分。红外线和紫外线人类看不见，而有些动物可以看到，比如，蜜蜂可以看到紫外线。

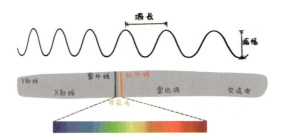

光的波长（两个波峰之间的距离）决定了我们体验到的颜色，而光波的强度（振幅）决定了亮度。

## ◆ 感觉器官和感受器怎么换能?

主要分为两个步骤——视网膜成像与视网膜上的换能。

### 第一步: 视网膜成像

眼睛就像精巧的仪器，光线依次通过仪器的各个部分（包括角膜、瞳孔、晶状体等）后，在视网膜上成像。视网膜成像是倒置的，但大脑能够把神经信号重新组合成为正向的图像。

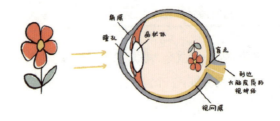

**第二步：视网膜上的换能**

视网膜上的感受器细胞把光能粒子转换为神经信号传给大脑。

视网膜是一层很薄的组织，由多层细胞构成，其中的光感受器是**视杆细胞和视锥细胞**。

——视杆细胞能够在夜晚探测到低强度的光，但对颜色不敏感。

——视锥细胞在光线明亮的情况下能够分辨颜色。

两种感受器细胞被光能粒子刺激后，继续下面的信息传递路径：

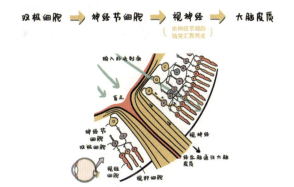

◆ **信号如何传递给大脑**

视神经从眼睛后部通到脑的"中转站"——丘脑。在那里，视觉信号经过加工，被继续传递到大脑枕叶区域的初级视觉皮质。

初级视觉皮质中有不同类型的专门细胞（称为"特征觉察器"），它们提取具体的刺激特征，如宽度、角度和位置等，并把加工过的信息传送到大脑皮质的其他区域。

在第三部分"知觉构建"中，我们将继续讨论大脑如何将这些信息变成有意义的"知觉产物"，比如花朵、大厦、人……

在视觉之外，我们还有听觉、味觉、嗅觉、触觉等其他感觉。

▷ **听觉：** 空气振动产生的声波，经由耳朵里"鼓膜—听小骨—耳蜗 – 基底膜"等一系列结构的传递，被转化为神经信号。听觉神经将这些神经信号经由丘脑传递给大脑的听觉皮质。

▷ **嗅觉：** 空气中的化学分子激活鼻腔顶部的五百多万个感受器细胞，将信息传递到大脑的嗅球以及更加高级的加工区域。嗅球非常靠近大脑中处理情绪和记忆的相关部位，因此气味能够唤起情绪化的回忆。

▷ **味觉：** 食物中的化学分子被舌头味蕾中的味觉感受器细胞加工，被识别为"甜酸苦咸鲜"五种基本的味觉，它们与味蕾上不同类型的味觉感受器一一对应。感受器上的"神经热线"把味觉信息传递给大脑皮质的特定区域。而辣不是味觉，而是一种痛觉。因为辣的刺激作用于痛觉纤维，并通过痛觉传导通路传到大脑。

各类感觉产生的原理相似，都是把刺激转化为神经信号，由大脑解读而产生。

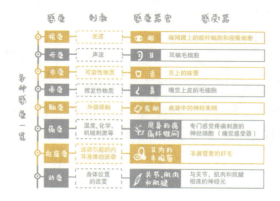

## 4 感觉系统的交互作用和联觉

感觉系统的交互作用指的是不同感觉互相影响，而联觉指的是一种感官刺激引发另一种感觉。

### ◆ 感觉系统的交互作用

这种情况普遍存在。例如，大脑接收嗅觉与味觉两类信息的区域很近，我们对美味的部分感受建立在好闻的味道的基础上。所以感冒时鼻子堵塞，闻不到气味，食物也会变得没味道。

## 实验

**听觉和视觉的互相影响**

视力不好的人在不戴眼镜时，会觉得听别人讲话也不太清楚，这是因为他们无法借助视觉信息——口型，来辅助对语言的加工。

心理学家做了这样一个实验：研究人员给被试播放一段视频，视频中的男士做出"ga"的口型，但是播放的配音却是"ba"。研究人员请被试判断男士发出的声音，令人惊讶的是，被试报告他们听到的声音是"da"，而不是"ba"，这说明听觉受到了视觉的干扰。

### ◆ 联觉

这是发生在少数人身上的奇妙存在。例如，听到音乐会产生颜色的感觉，看见数字"3"会引发味觉。科学家经过脑成像研究，推测这是因为人类大脑中加工不同感觉的区域之间存在沟通，而联觉者可能具有更多的神经连接。

## 三、知觉如何构建

在日常生活中，我们通常可以毫不费力地知觉物体，但是如果要构造一个像人类那样有知觉的机器，目前依然存在相当大的困难。

在探讨知觉的组织、辨认与识别之前，我们先来看看知觉为什么如此复杂。

> **1 知觉的复杂性**

在视觉的感觉过程中，光的刺激被转为神经信号传入大脑，不同脑区分别加工形状、颜色、运动等方面的特征信息。那么大脑又是如何把探测到的各种特征的信息整合在一起的？这个在我们看起来再自然不过的事情，是知觉研究中的难题，被称为 **"捆绑问题"**。

即使近几年来人工智能和机器学习领域发展迅速，计算机视觉、自然语言处理等领域的研究也有了长足的进步，人脸识别等应用越发成熟和普及，但目前建造一个和人类知觉能力相仿的机器依旧难以实现。这种复杂性体现在以下几个方面。

◆ **知觉恒常性**

一个物体在不同的距离、角度和光线下，在我们的视网膜上的成像是不一样的，但我们的知觉系统还是能把它识别为同一个东西，这种能力称为"知觉恒常性"，包括形状、大小、颜色与明度等恒常性。

▷ **形状恒常性：** 在下面这张图中，当我们从不同角度观察"注意行人"的指示牌，它在我们视网膜上的投影变了，但我们依旧能够辨认出这是同一个指示牌。

▷ **大小恒常性：**当一个人从远处走向你，他在你视网膜上的成像越来越大，你不会认为是他变大了，而是认为他的身形不变。开头提到的艾姆斯房间，正是利用了大小恒常性原理来造成错觉。

▷ **颜色与明度恒常性：**对于熟悉的物体，即使光照变化使它表面呈现出不同的颜色，我们对其颜色的知觉还是保持不变。当光源强度变化使物体反射的光线改变，我们知觉到的亮度也没有明显变化。

知觉恒常性体现出大脑"自上而下"的知觉加工，使我们在不断变化的条件下，保持对物体的正确知觉。但想要赋予机器这种恒常性，现在还难以实现。

◆ **用二维信息推理三维空间**

视网膜成像是二维信息，而我们需要根据它反向推理三维空间的物体信息，这种推理可以有很多的可能性，从而造成了模棱两可的情况。有很多视错觉现象就是来自这种推理。

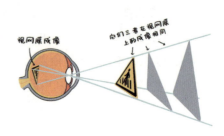

◆ **其他复杂情形**

当我们把一些名人的照片模糊化，大部分人还是很容易抓住显著特征，辨认出来；当一个物品被遮挡了一部分，我们依旧知道它的存在，并且会根据环境信息来找到它。而这些任务对"知觉机器"来说就很难了。

你能找到手机吗？

**2 知觉组织及其原则**

感觉系统加工处理的信息上传后，知觉系统将它们组织到一起。经由知觉组织的结果而体验到的东西，被称为知觉的对象。那么，对象的边界怎么辨别？这涉及"分组"和"分割"两个问题：

## ◆ 分组问题——图形组织成有意义的形状

20世纪初，由格式塔心理学家首先提出的知觉组织原则得到了实验证据的支持。他们指出，知觉并非感觉的简单叠加，而是"整体大于部分之和"。他们还总结了知觉组织的原则，如相似律、接近律、连续律、共同命运律等。这些分类原则说明，知觉受到我们脑中固有模式的影响。

**相似律**

我们会把相似字母归在一起，所以这些图形会被视为6列，而不是5行。

**接近律**

我们把邻近的图形视为一组，所以上面的图形被分为4组。

**连续律**

我们喜欢平滑连接和连续的图像，而非脱节的分开的图像。看到奥运五环时（图a），我们知觉到的5个圆形，而非9个分开的结构（图b）。

**共同命运律**

向同一个方向运动的物体，会被组合在一起。一群同一方向游动的鱼，我们会将其知觉为一个整体。

## ◆ 分割问题——图形从背景中突显出来

图形是从背景中突出的东西。当你在桌子上看书时，书是突出的图形，桌子是背景，图形与背景的界线非常分明。

但并非所有情况下背景与图形的分割都十分鲜明。下面这张图片，你看到的是中间的花瓶还是两边的人脸？都有可能。

这种"两可图形"告诉我们，相同的刺激有可能产生不同的知觉，对图形的辨识不仅仅来源于自下而上的感觉刺激。那么知觉的辨认与识别受到什么因素的影响呢？

看到一个物体时，我们会把它与大脑中储存的信息和知识进行匹配，从而识别出这是什么东西。虽然大脑对知觉的先天加工方式是类似的，但每个人过往的经验、知识、动机、文化背景、所处的情境等因素存在差异，形成了"自上而下"的影响因素。

◆ **过往经验与知识**

诊室医生的手写医嘱对患者而言往往有如天书，患者只能通过"自下而上"的加工感知到一些弯弯曲曲的线条；但对相同科室的其他医生来说，手写医嘱并不难看懂，因为他们掌握了诊断的相关知识，而且对这个医生的字体可能也很熟悉，这就是"自上而下"的知识的作用。

下图中两个单词中间的字母完全一样，但是因为你具有英语单词的知识，你会觉得第一个是 H，第二个是 A，所以看到"THE CAT"（这只猫）。如果让没有学过字母的孩子看，这两个字母就是相同的图形了。

# THE CAT

◆ **知觉定势**

经验会帮助我们形成对某些结果的期待，这种期待提供了"知觉定势"，引导我们把刺激转变为期待的模式。

在辨认两可图形时，如果事先用不同的期望来引导不同的辨认者，那他们看到的很可能就是不同的图形。听觉和味觉同样受知觉定势影响。

# ⚗️实验

**知觉定势的影响**

有一项实验是让学龄前儿童品尝两袋一样的炸鸡，一袋装在麦当劳包装袋里，另一袋装在纯白色包装袋里。结果 7 个儿童中有 6 个认为麦当劳包装袋里的炸鸡更好吃。

知觉定势是一把双刃剑，当原来的规则在新的场景中适用时，知觉定势可以提高我们的反应效率；但当规则不适用时，知觉定势会妨碍我们解决问题。

◆ **动机和情绪、情境和文化等**

感知觉并不是对真实世界的如实反映，在知觉构造的过程中，我们还受到很多主客观因素的影响。

▷ **动机：**人们口渴时想得到一瓶水，水看起来似乎离得更近。

▷ **情绪：**登山时听着欢快的音乐，山看起来不那么陡峭。

▷ **情境：**情境会形成期望，从而影响知觉。例如，当你在噪声中听不清一句话中的某个词语时，会根据上下文来判断。

▷ **文化差异：**在浏览同一个场景时，在美国长大的人会花更多时间扫视图形，而在中国长大的人通常会更加关注背景的细节。

大千世界中各种能量物质产生的刺激，经过身体中各个感觉器官的转换、传导，被大脑解释，形成了我们对世界丰富多彩的体验。我们在感觉的基础上，通过差异化的知觉来解读世界。而对感觉与知觉的了解，将带我们走入记忆、思维等更加复杂的心理过程。

## 💡 回顾与思考

感觉指我们的眼、耳、鼻、舌等器官把外部环境的刺激转换为大脑可以理解的神经信号。知觉指大脑对这些信号进行组织、辨认与识别，形成我们对世界的体验。本章以视觉为重点介绍了感觉和知觉的过程。

**请结合本章的内容，思考如下问题：**

❓ 在网上找一些错觉图片，分析一下造成错觉的原理。

❓ "人们看到的是自己想看到的东西"——如何用"知觉定势"理解这句话？回想一下你是否有这样的经历：自己的预期、假设或者经验等影响了对现实的看法。

第五章

# 意识：
# 当你清醒和做梦时，
# 大脑发生了什么？

有一天，德国药理学家奥托·勒维梦见了一个巧妙的实验方案，他醒来后马上做了记录，然后接着去睡，但起床后却忘了实验内容，也无法辨认自己的字迹。幸运的是，第二晚他又梦见了同样的实验方案，醒来后他直接去了实验室，完成了神经冲动化学传递的实验。而正是这个实验所带来的关键性突破，为他赢得了诺贝尔生理学或医学奖。

这类神奇的梦使人们好奇：人在睡眠与梦境中有意识吗？与清醒时的意识有什么不同？意识到底是什么，有什么作用？

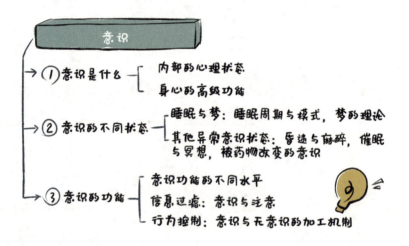

## 一、意识是什么

我们在日常生活中常常使用"意识"这个词，但它在心理学中却很难被确切地定义。

我意识到自己说错了话：
觉察，或产生了一个想法

我过于疲惫，逐渐失去意识：
进入睡眠或昏迷状态

我下意识地抱住了头：
反射性的、本能的或不自觉的反应

### 1 "意识"是一个没有确切定义的概念

意识是一种主观体验，其概念在不同领域中交错混杂，非常模糊；心理学家、神经科学家和心灵哲学家有不同的关注点和解析角度，因此到目前为止对"意识"尚无明确的定义。而且，大脑如何产生意识，仍是科学的未解之谜。

一般认为，**意识是对自己和环境的觉知**。它既是一种心理状态，也是动态的心理过程，下面我们就从这两个角度来理解意识。

### 2 理解意识的两个角度

◆ **意识是一种内部的心理状态**

意识是对自身思想、记忆、情感以及外界环境的觉知。我们白天通常处于清醒的意识状态；在无梦睡眠和昏迷中处于无意识状态；在梦中会改变意识状态；由于药物、催眠或冥想等，意识状态也会被改变。

◆ **意识是一种身心的高级功能**

意识可以帮助我们主动收集信息、反省过去并规划未来，从而主动对行为进行控制。同时，在意识之外的层面，大脑也在进行自动化运作，很多认知、情感与行为并不需要意识干预。

## 二、意识的不同状态

没有人能一直保持清醒。意识状态在睡眠与清醒之间进行周期性变化，另有一些因素也会导致变化的意识状态。

▷ **清醒状态：**大脑不断接收外界刺激、进行加工并做出积极反应，可以有效地控制肌肉并与环境交互作用。

▷ **自然发生的睡眠状态：**睡眠是意识的暂时中断，睡眠中的梦是一种特殊的意识。

▷ **昏迷状态：**长时间深度无意识状态。

▷ **人为诱发的催眠与冥想状态：**这是两种特殊的意识状态。

▷ **药物或疾病诱发的异常意识状态：**例如幻觉。

这部分介绍睡眠和其他几种异常意识状态；对于清醒状态，则在下一部分从意识功能的角度进行讨论。

人每天有三分之一左右的时间处于睡眠阶段，此时，接收外部

信息、与外部环境互动的意识几乎消失。但睡眠不是简单的失去活动能力或停止机能，而是机体的一种主动活动，受到复杂调控，具有高度秩序。

◆ **生理节律：机体活动周期**

所有生命体都受到"日—夜"自然周期的外部影响。为了适应这种高度有序的环境周期，生物演化出机体自身内部的活动周期，称为**生理节律**。跨时区旅行时体验到的时差，就是由于环境节律与生理节律不匹配引起的。

研究发现，人体一天的生理时钟略微超过 24 小时。但生理节律有自我调节的能力，在光照、社会行为、进食等的综合影响下，会将生理时钟调整到 24 小时。

◆ **睡眠周期与模式**

科学家用脑电仪记录和观察大脑电位变化形成的脑电波，发现脑电波不仅在清醒和睡眠状态时呈现不同形式，而且也随睡眠深浅程度有规律地变化。

我们入睡后，大概每 90 分钟会经历这样一个周期：

浅睡 → 深睡 → 浅睡 → 眼球快速转动。

一般来讲，一夜睡眠会经历 4~5 个这样的周期。这个周期中有两种睡眠模式：

▷ **快速眼动睡眠（REM）：** 眼球快速转动，呼吸和脉搏不规则，脑电波与清醒状态类似，呈现高频低幅的状态。占一夜睡眠的 1/4 时间。

▷ **非快速眼动睡眠（NREM）：** 没有快速眼动的睡眠。脑电波频率低、幅度大，包括深浅不同的四个阶段（入睡期、浅睡期、熟睡期、深睡期）。占一夜睡眠的 3/4 时间。

>> 处于REM中的人更易被唤醒；

>> 脑活动高度活跃，但全身肌肉处于"睡眠麻痹"状态；

>> 做梦多发生在这个阶段，但不会梦游和说梦话。

>> 由浅入深分为四个阶段，随着心率、呼吸放缓，脑波减缓，进入深睡眠；

>> 梦游和说梦话发生在NREM阶段，但做梦较少。

但一夜睡眠中每个周期并非完全一致。下图是一个典型成年人一夜的睡眠周期，可以看出，前半夜的周期中 REM 时间较短，NREM 的深睡眠时间较长；后半夜则相反，REM 变长，深睡眠变短。

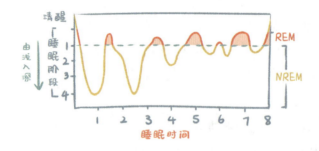

◆ **梦是什么**

梦是一种特殊的意识状态，是在睡眠中产生的与清醒状态相似的感觉或思维。在梦中进入意识的信息主要来自脑内存储的信息，而非外界的刺激，它们的呈现往往是随机散乱、难以控制的。

大部分的梦产生于 REM 阶段中。虽然 NREM 阶段也会做梦，但 REM 阶段的梦更为详细生动，鲜明奇异，富有感觉特征。NREM 阶段中的梦则更接近思维。

虽然科学家对梦进行了数十年的研究，但它至今仍是未解之谜。关于梦的几个主要理论包括：精神分析理论、"激活—整合"理论以及认知神经理论。

▷ **精神分析理论**：梦是无意识的欲望与冲突的表达，是对无意识需求的满足。清醒状态受压抑的冲动和欲望，会在睡眠中绕过意识的"审查"显现在梦境中。精神分析的"解梦"就是通过分析梦境内容，找到无意识的原始动机。

▷ **激活—整合理论**：梦是大脑在睡眠时自发活动的副产物，没有逻辑和意义。睡眠过程中，脑的低级中枢随机激活并自下而上地传递，直至皮质；皮质将这些独立于外界环境的内部活动加以组织与整合，并试图根据存储的记忆赋予其意义，所产生的主观体验即为梦境。

▷ **认知神经理论**：梦是白天活动的反映与延伸。睡眠中，大脑对白天的经历进行分类和储存。因此梦的内容常常是反复的、有规律的，与清醒时所关心的事有着高相关性。

## ⚲ 补充

### 白日梦

我们清醒的时间中，平均三分之一时间在走神，也就是注意力从当前的事件中转移到随意的、不受约束的回忆或者想象中，这种状态称为"白日梦"。它常常发生在独处、放松、无聊或入睡时，比如工作时脑子里却都是

"昨天真不该说那句话""周末要去哪儿玩"等和工作无关的想法。

大脑中有一个复杂的脑区网络，被称为"默认模式网络"，它在大脑处于静息状态时被激活，包含的内容主要是过去与未来、自我与社交——这些都是白日梦的主题。与之相对的是"任务积极网络"，会在人们专注于当下时被激活。

因此，当默认模式网络被激活时，我们不会专注于当下的环境，而是在进行思维漫游。

### 2 其他异常意识状态

除了睡眠这种自然发生的无意识状态，还存在由特殊手段或药物诱发的异常意识状态。

#### ◆ 昏迷与麻醉

昏迷指长时间的深度无意识状态，无法被唤醒，可由自然原因（损伤、疾病等）或药物诱导实现。

手术过程中，通过药物施行的麻醉会让病人进入临时失去意识和感觉的昏迷状态。麻醉中，意识的丧失是一个渐进的过程，从高等皮质区域到低等皮质区域再到皮质下的脑结构，对应于丧失自我感、觉知，直到最终失去对外界刺激的反应性。

在某些麻醉水平上，意识被关闭，但意识以下的神经活动仍然非常旺盛。有一项实验是，研究人员对一定麻醉水平上的昏迷病人播放《鲁滨孙漂流记》，病人在术后对"星期五"进行联想时，更容易想起鲁滨孙那个名叫星期五的仆人。

◆ **催眠**

催眠是受到语言诱导与暗示、行为脱离自身意识控制的现象。受到催眠的人虽然看起来像是睡着了，但与睡眠状态不同。被催眠者处于深度放松、易受暗示以及注意力集中的状态，可以听到催眠师的暗示并执行其要求。催眠可以被用于生理和心理治疗，缓解疼痛和焦虑。

你的手臂像一根铁棍

▷ **催眠的过程：** 在安静舒适的环境中，催眠师用语言引导被催眠者完全放松，并将注意力集中在某些特定事物之上；然后指引被催眠者做一些动作，或者使之相信催眠师所说的话。

▷ **催眠的关键：** 不在于催眠师的能力，而在于被催眠者"易受暗示性"的高低。每个人对标准化暗示做出反应的难易程度不同。一般来说，专注、富有想象力、对他人依赖性强的人更容易被催眠。研究发现，调查对象中有 10% 的人极易受到暗示进入催眠状态，也有 10% 的人完全对催眠无感。

▷ **对催眠现象存在两种不同的解释：** 一是被催眠者对催眠后的状态有所预期，自愿投入被要求扮演的角色，倾向于顺从催眠师的指示；二是催眠状态下，意识的功能分离，"执行"功能自动执行催眠师指令，而对行为的"监控"功能弱化，甚至完全不起作用。

◆ **冥想**

冥想是通过深度放松来改变意识状态的一种精神训练。冥想的方式主要包括专注冥想和正念冥想，两者都旨在寻求一种比平常意识"更高"的意识状态。

▷ **专注冥想：** 在冥想时将注意力集中于一处，如专注于一个物体、一个想法或者自己的生理过程（比如呼吸），使自己的意识不受环境干扰而得以放空。

▷ **正念冥想：** 在冥想时扩大注意力，超脱地观察自己的各种感知觉、体验和情感，但不加以控制和评判。

研究发现，冥想对大脑活动有积极的改变。冥想时，大脑的默认模式网络会平静下来，使人摆脱自我纠缠的想法。它能够降低人体的生理激发状态（心率和呼吸等变缓），而维持较高的意识唤起，使意识处于一种"无内容的警觉"的特殊状态。冥想练习有助于增强注意力、减缓焦虑和提高情绪控制能力。

◆ **被药物改变的意识**

能够影响思维、情感和知觉的药物被称为"精神活性药物"，这类药物会直接作用于脑，改变意识状态，容易导致药物成瘾，使服用者产生身体和心理依赖，损害健康。酒精、咖啡因和尼古丁等能够改变知觉和心境的化学物质，在此也归入这一范畴。

精神活性药物主要包括以下几类。

▷ **抑制剂：** 减缓身体和神经系统活动。如安定药物、酒精等，通过抑制脑活动、放松机体，给人带来欣快感。为什么酒精是抑制剂而非兴奋剂？因为它抑制了脑的自我监控功能，使人容易做出异常行为，并会导致记忆力衰退、知觉敏锐度和身体协调能力降低等问题。

▷ **兴奋剂：** 加速身体和神经系统活动。如安非他命、可卡因、咖啡因和尼古丁等，通过刺激中枢神经系统，使人产生警觉、欣快、有力量等感觉。

▷ **致幻剂：** 改变或歪曲对外部世界的感知，产生幻觉，听到或看到并不存在的事物。如大麻、LSD（麦角二乙酰胺）。除了药物，精神疾病和特定文化宗教情境下的强烈暗示也可能导致幻觉的产生。

药物作用于脑，引起意识的改变，进一步说明脑的神经活动是意识存在的客观物质基础。


## 三、意识的功能

在上一部分，我们讨论了状态意义上的意识。对于自然清醒状态下的意识，我们还需要从认知功能的角度进一步理解，辨识不同水平的意识在过滤信息和控制行为方面发挥的作用。

**1 意识功能的不同水平**

对内外部世界的感知觉，是意识的基本水平；对这种感知觉信息的理解和反映，是意识的中间水平；而当你知道并能报告自己的心理状态，则是意识的高级水平。

以下图为例。看见一朵盛开的花，是基本水平的意识；由此想到"花开了"是中间水平的意识；想到"我看见花开了"则是高级水平的意识。

高级水平的意识中包含自我意识，它是指人对自己作为一个有

意识的、会思考的个体的认知与体验。我们不仅能够意识到"花开了"，更能意识到欣赏花朵的"我"的存在。

## 2 意识的信息过滤功能

面对混沌的环境信息，意识能够帮助我们选择最相关的成分，构建出连续、完整及有意义的主观现实。意识的过滤功能与"注意"密切相关。

### ◆ 意识与注意

这两者虽然联系密切，但也有所不同。当注意力集中于某个特定对象，就将该对象置于意识活动的中心。

一方面，注意力所选择的优先事件会进入意识，从而使人采取行动。例如，身体上的不适占据了意识后，就难以处理其他事情。

另一方面，注意本身也可以受意识支配，主动转移到某件事情上。例如，遇到困难或者不感兴趣的任务，你还是能让自己有意识地集中注意力去完成。

### ◆ 刺激的变化引发注意

外在和内在刺激的变化会引发个体的注意，使信息进入意识。

例如，突然响起的下课铃声会引发你的注意，使你意识到本节课结束了；口渴的感受会引发你的注意，使你意识到需要喝水。

◆ **关心和感兴趣的信息引发注意**

意识还有可能超越环境，指向自己关心或感兴趣的事情。例如，鸡尾酒会上各种声音混在一起，但我们依旧可以和身边的朋友聊天；当有人叫你的名字时，在一片嘈杂声中你也能够听见。这些现象叫"鸡尾酒会效应"，反映出意识倾向于选择个人感兴趣的信息。

**3 意识的行为控制功能**

意识可以让我们在不同的可能性中选择适宜的方案，从而实现行为控制的功能。

一般情况下，我们认为自己的记忆、思考、语言和选择等都是在意识控制下进行的，比如你决定阅读这本书，在阅读过程中对内容的理解、疑问与主动记忆，都离不开清醒的意识。但清醒状态下的心理过程和行为受意识控制的程度存在多种情况，除了上述完全有意识的控制之外，还包括非意识、前意识、无意识和自动化过程：

心理和行为受意识控制的程度

- ✅ 清醒、有意识的控制
- ✅ 非意识　不需要意识参与的自主调节
- ✅ 前意识　需要时才被提取到意识中
- ✅ 无意识　被没有意识到的信息改变思想或行为

▷ **非意识过程**：机体许多自主的调节或活动都独立于意识之外，例如血压调节和内分泌运作等由自主神经系统控制。

▷ **前意识记忆**："储藏室"中的记忆，我们平时意识不到它们的存在，但在需要时能被提取到意识之中。例如关于语言、地理和工具的知识以及个人的经历。

▷ **无意识心理过程**：当我们被自己没有意识到的信息引发或改变了思想、情感或行为时，无意识过程就发生了。例如，对于生活中存在的大量多义词，无意识的语言加工能够使我们通过上下文迅速判断其含义。又如，在一个实验中，让被试接触与老年相关的词汇（如健忘、皱纹、灰色等），实验结束后，他们走路的速度明显慢于没有接触这些词语的控制组。

大脑无意识的加工过程能够并行处理大量信息，而意识在某一时刻只能处理有限信息，对于多任务，只能按顺序加工。

💡提示

最初由弗洛伊德提出的"无意识"概念指的是被压抑的、不自知的欲望和冲动。现代心理学继承了"无意识"这个开创性想法，但在具体内容和功能上，已经与弗洛伊德的理论有很大不同。另外，你可能也会看到"潜意识"这个词。弗洛伊德早期将"潜意识"与"无意识"互换使用，目前

"潜意识"主要出现于精神分析学派，而提及心理功能时，我们一般用"无意识"。

需要意识控制的行为经过反复练习，可以变为一种不需要意识介入就能习惯化或自动化完成的行为，这被称为"**自动化过程**"。

熟练的技能变为自动化后，可为大脑"节能"，以免消耗有限的认知资源；此时我们的意识可以去关注其他事情。例如，刚开始学骑车时，需要高度集中注意力；学会以后则可以边骑车边聊天，不再需要意识的参与；但看到红灯或者遇到其他不寻常的情况时，意识又会专注于骑车这件事。

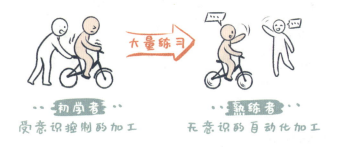

作为一种统筹性的、最高级的心理现象，意识涉及的范围很广。上一章介绍的感觉和知觉，可以视为意识的基础。而接下来的章节将要讨论的记忆、思维、情绪等，都涉及意识和无意识的加工过程。意识是科学上最富有挑战性的谜题之一，探索之路还将延伸到遥远的未来。

在意识领域，目前有两大理论最有竞争力：整合信息理论（IIT）和全脑神经工作空间理论（GWT）。下面这两本书分别由这两大理论的旗手所撰写，如果你对意识之谜感兴趣，这两本书将带你更深入地理解意识。

## 《意识与脑》

本书作者科赫是当代前沿的意识神经生物学专家。他在书中结合自传性描述和经验实证的探索，解释意识科学及其哲学基础的最新观念，阐述整合信息理论"如何解释意识的许多令人迷惑的事实，以及如何为建造有感知能力的机器提供蓝图"。

作者 ▶
【美】克里斯托弗·科赫（Christof Koch）
出版社 ▶
机械工业出版社

## 《脑与意识》

本书作者迪昂为法国著名认知神经科学家。在一系列开创性的意识实验基础上，作者以"意识通达"作为明确界定的意识概念，并提出"全脑神经工作空间"理论。他结合前沿的研究成果介绍意识的科学研究方法，探索无意识的加工过程以及意识的作用，并且分析意识科学的应用及其未来方向。

作者 ▶
【法】斯坦尼斯拉斯·迪昂（Stanislas Dehaene）
出版社 ▶
浙江教育出版社

## 💡回顾与思考

意识是人类对自己和环境的觉知。大脑如何产生"意识"这种主观体验，是科学的未解之谜。我们在本章中介绍了意识的不同状态，包括自然发生的不同意识状态（清醒、睡眠与梦境）和人为诱发的异常意识状态（催眠、冥想和被药物改变的意识状态）。接着我们讨论了意识的功能，包括信息过滤和行为控制，并介绍了意识控制之外的行为。

> **请结合本章的内容，思考如下问题：**
>
> ❓ 本章介绍的关于梦的几个理论，是否适用于你的一些梦？例如，它反映了你被压抑的欲望，还是随机无意义的整合和编造，或是白天行动和思考内容的延续？
>
> ❓ 记录你在一个时间段内的活动，看看哪些是有意识集中注意力的行为，哪些是走神的白日梦，哪些又是没经过意识干预而自动进行的。

# 第六章

# 学习：
# 如何提升学习效率？

大约 100 年前，美国心理学家玛丽·琼斯为一个害怕毛绒玩具和动物的男孩进行"消除恐惧训练"，并且取得成功。她了解到人的恐惧可能由后天习得，如果能打破由刺激到恐惧的链条，就能解决恐惧问题。她开创的训练方法经过不断发展，成为一种心理治疗技术。

日常生活中，我们说的"学习"主要是指学习知识和技能，尤其是在学校的学习经历。心理学研究的"学习"含义更为广泛，上面这个案例，就属于学习理论及其应用。那么，学习是如何发生的？怎样才能更有效地学习呢？

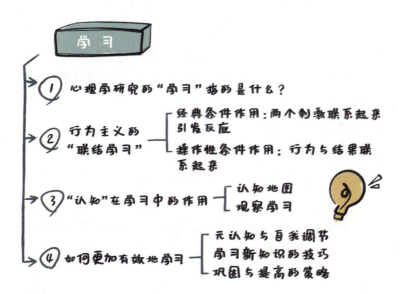

## 一、什么是心理学研究的"学习"

即使不了解"学习"的精确含义，我们也知道它的重要性。

几乎所有的人类活动都或多或少地与学习有关：人们无时无刻不在吸取经验，调整自身，适应环境。如果没有学习，人们将如同初生的婴儿，只能依靠生物本能做出吮吸、哭泣等行为。

**1 日常生活的"学习"和心理学的"学习"**

### ◆ 日常生活的"学习"

我们平时说的"学习"，一般指通过阅读、听讲、观察、练习、探索等方式，获得知识或技能的过程，比如学习各门功课，学习语言，练习乐器或某个体育技能等。如何提高学习能力和效率，是教育领域重要的研究主题[①]。

### ◆ 心理学研究的"学习"

心理学研究的"学习"，具有更广泛的含义，不仅包括知识技能的获得，更探究人类行为和思想改变的过程。

> "学习"指通过经验获得新知识、新技能或新反应，导致学习者行为或心理过程发生相对持久的变化。

其中包含以下三个关键点：

---

① 知识和技能的学习，还涉及感知觉、记忆、思维等复杂的认知过程，可参见本书第四章、第七章和第八章的相关内容。

▷ 学习是由于**经验**而形成的变化。"经验"既是人和环境互动的过程，又是这个过程的结果，例如，反复练习某个运动技能后形成新的能力。自然生理成熟或疲劳、药物等原因引起的变化，就不能叫作学习。

▷ 学习引发了行为或心理过程的**变化**，这种变化可以是外在的（如学生掌握了一种新技能），也可以是尚未表现出来的潜能的变化（如对母语的学习：沉浸在某种语言环境中，不知不觉就掌握了它的语法规则）。

▷ 这种变化相对**持久**，而不是短暂的。

"一朝被蛇咬，十年怕井绳"也是一种"学习"。

**经验：**曾经被蛇咬伤；

**行为和心理变化：**由不害怕井绳变成一看到井绳就害怕；

**持久：**"十年"表示较为持久的恐惧。

另一方面，那些不基于经验的凭空想象、不能引发人的行为与心理的任何改变的事情，或只是转瞬即逝的改变，都不能算作学习。下次你捧着一本书神游天外时，可千万不要再说你是在学习了。

**2** 心理学对"学习"的主要观点

关于学习是如何发生的，心理学家从不同视角提出了很多理论，主要可分为行为主义和认知理论两类。

## 二、行为主义的"联结学习"过程

行为主义心理学家认为，"学习"是一种联结过程：在刺激和反应之间建立联结，或者在行为和结果之间建立联结。美国心理学家、行为主义心理学创始人约翰·华生的这段话阐述了其核心观点：

> 给我一打健康的婴儿，并让他们在我设计的世界里成长，那么我可以保证，无论你从中挑选哪一个孩子，我都能按照自己的设想，将其培养成某方面的专家，如医生、律师、艺术家、商人，甚至乞丐或窃贼。其祖上属于什么人种，具有何种天赋、嗜好、倾向、能力，或从事什么职业都无关紧要。

行为主义的两个主要理论是"经典条件作用"和"操作性条件作用"，我们先通过两个动物实验对它们进行简要了解，再分别阐释这两个理论。

## 实验1

### 经典条件作用：巴甫洛夫的狗

俄国生理学家巴甫洛夫在实验中发现，每次给狗喂食前先敲铃，渐渐地，狗听见铃声就会流口水。

铃声本来无法引发唾液反应，但狗把它与食物联系起来，从而使铃声这个刺激带来了唾液反应。**这是"经典条件作用"的学习方式——把两个刺激联系起来，引发反应。**

## 实验2

### 操作性条件作用：斯金纳箱里的小白鼠

美国心理学家斯金纳设计了一个动物实验装置（称为"斯金纳箱"），按下杠杆会有食物掉入箱内。关在箱子里的小白鼠在无意中碰到杠杆后，掌握了杠杆与食物之间的联结，从而学会了主动按杠杆取食。

食物作为刺激，能够强化小白鼠按杠杆的行为。这是"操作性条件作用"的学习方式——把行为和结果联系起来，用结果调节行为。

◆ **刺激与反应**

经典条件作用是一种基本的学习形式。在"巴甫洛夫的狗"的实验中，狗听见铃声流口水，就是经典条件作用学习的结果。

▷ **无条件刺激引发无条件反应：** 食物引发的唾液分泌，是生物的先天本能反应。在这里，食物是无条件刺激，唾液是无条件反应。它们之间的联系与"学习"无关。

▷ **中性刺激：** 自然情况下，铃声不会引起唾液分泌，属于中性刺激。

▷ **条件刺激与条件反应：** 把铃声和食物配对（铃声成为食物的"信号"），重复几次后，光有铃声就能让狗分泌唾液，铃声变成了条件刺激。铃声引发的唾液分泌被称为条件反应。

◆ **经典条件作用的三个阶段**

经典条件作用通常会经历习得、消退和自然恢复三个阶段。

▷ **习得：** 最初的学习阶段，铃声与食物配对出现，建立联结，产生条件反应。

▷ **消退：** 如果摇铃后不再给狗提供食物，那么一段时间后，狗听见铃声就不会再流口水。

▷ **自然恢复：** 反应消退一段时间后，狗听到铃声又会开始流口

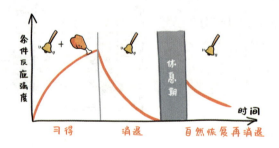

水，这是自然恢复。但条件反应强度会减弱，可以在几个消退周期后被逐渐根除。

◆ **经典条件作用的现实应用**

经典条件作用不光发生在动物身上，也能用来解决人类的行为问题。"厌恶疗法"就是利用这个原理治疗吸烟、酗酒等不良行为。例如，被治疗者在饮酒前先服吐酒药，在即将呕吐时饮酒；重复数次后，当他不服药、仅饮酒也会出现呕吐时，就会对酒产生厌恶情绪，进而停止酗酒。

回到开头提到的恐惧治疗，小男孩害怕毛茸茸的东西（如小白兔），可能是因为之前小白兔与其他引发恐惧的刺激同时出现过，使他建立了"小白兔"和"恐惧"之间的联结。因此，心理学家让小白兔伴随愉快的事物（如美食与玩耍）一起出现。慢慢地，之前的联结消失了，小男孩不再害怕小白兔了。

经典条件作用在教育领域给我们的启示是：要让学习和愉悦的氛围及情绪相联系，例如用舒适的环境促进阅读，用喜欢的音乐促进锻炼。

### 2 操作性条件作用：结果影响行为

经典条件作用解释的是无意识反射的简单行为，无法解释有意识的主动复杂行为。为此需要引入另一种学习过程——"操作性条件作用"，这是通过后果来调节行为的学习。

行为的后果包括奖励和惩罚，受到奖励的行为更可能再次发生，而受到惩罚的行为将减少或消失。

◆ **强化与惩罚**

心理学家将日常所说的"奖励"称为"强化"。强化使行为的可能性增加，惩罚使行为的可能性减少。它们都能通过"正"和

"负"两个途径起作用。

**正强化**
通过愉快的刺激使行为发生。比如，奖金制度让企业员工更加努力地工作。

**正惩罚**
通过不愉快的刺激使行为不再发生。比如，"如果开车超速，就会被扣分罚款"。

**负强化**
通过消除不愉快的刺激使行为发生。比如，"如果按时完成作业，就不用打扫卫生"。

**负惩罚**
通过消除愉快刺激使行为不再发生。比如，"如果不注意卫生，就把零花钱收回"。

💡**提示**

正惩罚与负强化都与"不愉快的刺激"有关，但前者是为了消除某个行为，后者是为了鼓励某个行为。

◆ **如何实施强化?**

奖励也要有技巧，包括对时机和频率的把握。

▷ **连续强化：**每次正确的行为后都给予奖励，这在学习初期对塑造新行为十分有效。但多次奖励后，激励效果会减弱。

▷ **间歇强化：**只奖励部分正确行为，这对维持巩固已经习得的行为非常有效，并能阻止行为消退。比如，钓鱼的人并非每次放鱼钩都能钓到鱼，而只有部分时候有收获。

间歇强化有几种不同的方式。

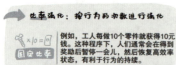

**比率强化：按行为的次数进行强化**

**固定比率** 例如，工人每做10个零件就获得10元钱。这种程序下，人们通常会在得到奖励后暂停一会儿，然后恢复高效率状态，有利于行为的持续。

**变动比率** 比如抽奖，不知道抽几次才能中奖。赌场的老虎机就是按照这种随机的方式设计的，让赌徒们欲罢不能。

**间隔强化：按时间间隔进行强化**

**固定间隔** 例如每周末检查一次作业。这会使得学生们平时拖者，临近周末疯狂补作业。

**变化间隔** 例如随机抽查作业。这种强化的时间很难预测和控制，所以效果会比较稳定。

◆ **如何实施有效惩罚?**

只有当行为减少或者消失,不愉快的刺激(或者愉快刺激的减少)才算是惩罚。惩罚的实施应该遵循以下几个原则:

▷ 惩罚必须有一致性,不能间断;对不良行为有时候不惩罚,反而会产生鼓励作用。

▷ 行为之后立刻予以惩罚,才能对行为产生影响。

▷ 只针对行为,不攻击人格与身体;殴打或羞辱带来的伤害和恐惧感,会对人的身心发展造成极大的伤害。

▷ 剥夺快乐的负惩罚比施加痛苦的正惩罚更加有效。

◆ **操作性条件作用的现实应用**

操作性条件作用在生活中十分常见。例如,老师对学生的表现做出及时的表扬或者批评反馈,并且用学生喜欢的活动强化他们的学习行为(如完成作业后才能去操场玩耍)。

又如,企业对员工的激励方式会直接影响绩效。除了金钱奖励,精神上的回报也具有很好的效果。如果用适当的方式让优秀员工体会到尊重和成就感,他们的投入程度和忠诚度会更高。

### 心理学家简介

**伯尔赫斯·弗雷德里克·斯金纳(1904—1990)**

美国心理学家斯金纳是新行为主义的代表人物。他提出了操作性条件作用这一核心理论,并设计了动物实验装置——著名的"斯金纳箱"。他根据操作性条件作用和强化理论设计的"程序教学"方案在教育领域也产生了深刻影响。

在美国《普通心理学评论》2002年发表的"20世纪100位最杰出的心理学家"排名中,斯金纳位居第一。

### 三、"认知"在学习过程中起什么作用

尽管行为主义在心理学研究中产生了极大影响，但是人们意识到，"刺激—反应"和"行为—结果"的机械联结，并不足以解释所有的学习行为。这些联结的中间过程，即内在的认知机制，渐渐得到重视。

作为拥有主观能动性的个体，我们并不是像精密的程序那样根据环境刺激做出相应的行为；内心的期望、主观的思考等精神因素很大程度上决定了我们学习的方向。家长有时会头疼地发现，当他们赞扬孩子的一些良好行为后，孩子反而会出于逆反心理不再这样做，这就是认知成分对条件作用的干扰。同样，即使不会获得任何外部的奖赏，人们还是会出于兴趣或责任感去做事情，这也很难用行为主义的观点来解释。

下面我们从"认知地图"和"观察学习"两个理论来了解认知学习的作用。

**1 认知地图**

"学习"并非一定要通过行为尝试来获得联结，也可以直接体现在心理上。美国心理学家爱德华·托尔曼在老鼠走迷宫实验中发现了认知的作用。

## 实验

### 走迷宫的老鼠

研究人员先训练老鼠在迷宫中走正常道路（图中实线）找到食物。之后，把原来的正常道路堵住，在迷宫中增加一些新的道路（虚线）。他们发现，老鼠并没有像预期那样尝试离原来的正常道路最近的路，而是直接选择能最快到达终点的道路（红色虚线）。

实验表明，老鼠在脑海中形成了迷宫的空间布局图，从而规划出最短路线，而不是机械地执行之前学会的路线。生物对所处环境布局的这种心理表征，被称作**认知地图**。学会的并不只是"左转""右转""向前走"这些动作，还有关于整个地图的记忆，生物可以据此自发调整自己的行为。

此外，实验还发现，即使没有食物奖励，只是将老鼠放在迷宫中探索，它们的认知结构也会发生变化，一旦给予奖励，学习效果便会立刻体现出来。这种未得到强化、尚未在行为上表现出来的学习，被称为**潜伏学习**。

### 2 观察学习

美国心理学家阿尔伯特·班杜拉提出，人们不仅能通过外部奖惩来学习，也能够通过观察别人的行为和后果进行间接学习。也就是说，学习新行为不一定要亲自体验行为后果，也可以通过观察别人的行为与后果，有选择地效仿。

## 🧪实验

### "波比娃娃"实验：儿童攻击行为的研究

班杜拉做了一个非常有影响力的实验，研究儿童如何习得攻击行为。

他将参加实验的儿童平均分成三组：

- 第一组没有成人陪伴，独自面对一个波比娃娃。
- 第二组有一个成人陪伴，他会当着儿童的面，对波比娃娃施加暴力行为：用木槌打娃娃的头和身体，把娃娃摔到地板上，等等。
- 第三组儿童也有一个成人陪伴，但是这个成人只是平静地和娃娃玩，并没有对娃娃施加暴力。

之后，再让这些儿童分别进入一个单独的房间，房间中有一个波比娃娃，还有一些其他玩具。观察儿童的反应，得到的实验结果是：

- 第一组和第三组的儿童，很少出现对娃娃的攻击行为。
- 第二组儿童对娃娃进行了一系列的攻击行为。

这一实验证明了榜样对儿童攻击行为的作用，对后续的媒体暴力效应（媒体中的暴力内容会增强观众的攻击行为）的研究也有重要影响。

通过观察学习，人们获取社会环境中的许多信息，并学会技巧、态度和信念。"亲社会"（积极的、助人为乐的）和"反社会"（无视社会规范、伤害他人）的榜样，都能产生巨大的影响力。

那么观察学习是怎么发生的呢？镜像神经元的发现提供了神经学解释。

科学家在猴子的大脑中发现了一种神经元，其作用是在观察他

人行为时，能够激活自己做相同行为时激活的脑区，也就是与他人"感同身受"，因此被称为"镜像神经元"。人类的大脑里也发现了类似结构。或许正是镜像神经元使我们具有共情能力，帮助我们理解与模仿他人的行为。

## 四、如何更加有效地学习

我们已经从行为和认知的角度探讨了几种基本的学习类型，不过你可能更关注与"教育"相关的学习——如何提高知识与技能的学习能力。在这里，我们简要介绍几种有效学习的策略，在阅读后面关于"记忆"和"思维"等章节的内容后，你将对这些策略有更深入的理解。

### 1 元认知与自我调节

想要改进学习方法，人们首先需要对自己的学习情况有所了解。人们对自己思维和学习过程的意识、理解和调节，称为**元认知**。元认知的技能主要包括：

▷ 知道自己能够胜任什么样的学习任务；

▷ 对于特定的任务和情境，知道应该采取什么样的学习方法；

▷ 能够评估自己的知识储备状态，以及不同学习策略的有效性。

有效学习还需要良好的自我调节，包括：明确学习目标，制订相应计划，选择适合的学习策略，在学习过程中保持专注与投入，并进行自我监控，在必要时寻求帮助，进行评价与反思。

## 2 学习新知识的技巧

针对新知识的储存，我们可以采取以下几种技巧：

▷ **有意义的学习：** 在新信息与我们已经掌握的信息之间建立联系，即理解与领悟。比如，一串能组成英文单词的字母远比一串随机的字母更容易记住；记别人的生日时，记住"他的生日比我晚几天"比记住具体日期更容易。

▷ **精细化：** 对新知识进行解释、拓展和应用。比如，在你了解一个心理学理论后，如果能马上用它来解释一件实际发生的事情，就能对这个理论掌握得更好。

▷ **组织化：** 发现新信息的不同部分之间的内部关联。比如，制作大纲进行总结比零散地学习效果更好。

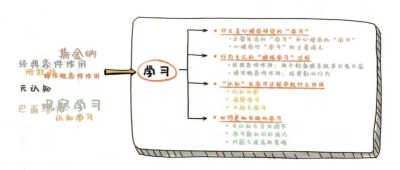

## 3 巩固与提高的策略

▷ **练习测试：** 定期抽取一部分学过的知识进行自我测试，比单纯再看一遍知识点效果要好。通过测试，学生能够检查自己是否理解了学过的内容，避免他们产生自己学会了的错觉。

▷ **分散练习：**把学习活动分散开，在重复复习知识之间间隔更长时间，比考试之前突击复习效果更好，也能避免很多考前的焦虑与睡眠缺失。一项研究发现，人在分散练习和集中学习时记住的所学信息平均分别为 47% 和 37%。

## 书籍推荐

《科学学习》

本书的领衔作者是斯坦福大学教育学院院长。他根据学习科学领域的大量研究文献以及自己的教学科研实践，提炼出 26 条有效的学习法则，按照 26 个英文字母的顺序排列呈现，如 Analogy（归纳类比）、Belong（归属感）……在每个法则中，作者都介绍了其原理、应用规则、效果、容易出现的问题，并举例说明，既有坚实的科学理论支持，又具有很强的可操作性。

作者 ▶
【美】丹尼·L. 施瓦茨
（Daniel L. Schwartz）等

出版社 ▶
机械工业出版社

## 回顾与思考

通过经验，获得行为或者心理的持久改变，是心理学对"学习"的定义。本章我们讨论了关于学习的两个主要理论：行为主义和认知理论。前者关注看得见的行为，认为学习是"刺激—反应"之间的联结，并且用经典条件作用和操作性条件作用解释学习；后者认为学习涉及认知的改变，不一定体现在行为改变上，也不一定需要强化。

请结合本章的内容，思考或实践如下问题：

? 你是否有改变某些行为的计划？尝试设计一些鼓励新行为的措施（比如按某种规则进行强化），并且实施。

? 你是否有学习某个领域的知识或者技能的计划？本章介绍的哪些理论与策略可以运用？

# 第七章

# 记忆：
# 普通人也能拥有
# "超级记忆力"

美国记者乔舒亚·福尔在报道美国记忆力锦标赛时，惊叹于选手们非同寻常的记忆能力，比如在几十秒内记住一副打乱的扑克牌的顺序。然而选手们告诉他，他们的记忆力其实就是普通水平，普通人经过一定的记忆术训练也能做到。之后的一年里，福尔阅读了大量记忆方面的文章，持之以恒地进行记忆术训练，然后参加了下一届比赛并一举赢得冠军。不过他在日常生活中仍会忘记车钥匙和停车的位置。

读到这里，你是否会好奇人类的记忆到底如何运作？我们的记忆可靠吗？为什么会发生遗忘与记忆错误？如何才能更好地记忆？

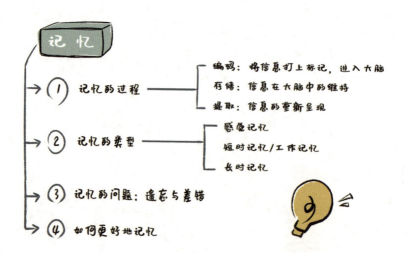

## 一、记忆的过程：编码、存储与提取

从字面上看，"记忆"包括"记住"与"回忆"：既向脑中存入信息，又在需要时提取和再现信息。心理学家用计算机操作系统来类比这个过程：

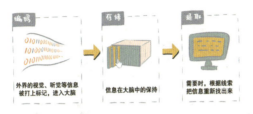

**1 编码：将信息打上标记，进入大脑**

找出信息的特点并打上标记、使其进入大脑的过程称为编码。但记忆不像录像机，并非忠实地记录从感官进入的信息。事实上，人们会把新信息与大脑中已经存在的信息进行联系，从而构建出主观的记忆，其中融合了人们的知觉、认知与思考。

编码可能是无意识发生的，大脑会对信息进行自动加工，例如一些运动技巧或者对时间、空间的记忆。自动编码时刻都在发生，以至于我们不需刻意记忆，依然能回想出一天中发生的大部分事情。所以，你明白为什么商家要大量运用广告对你"洗脑"了吗？

当编码是有意识进行的（例如努力背英语单词），对信息的加工程度越深，编码越精细，记忆就越持久。

所谓加工程度深，就是指深入分析、精细联想、丰富意义，从而留下深刻记忆痕迹。例如，在背单词的时候思考其含义并造句，比单纯按字母背有效得多。

另外，将信息转为心理图像，以及按关系进行组织归类，都是精细编码的手段。大多数人的超常记忆力源于对编码策略的高超运用，而不是天生就具备非凡的记忆能力。

### 2 存储：信息在大脑中的维持

已经编码的信息在大脑中的维持称为存储。记忆在大脑中如何实现存储，是科学家们倍加关注的难题，虽然有一些研究进展，但谜底还没有揭开。

#### ◆ 记忆巩固

编码之后，记忆分成不同片段散布在大脑皮质的各个区域，容易受到破坏。大脑将这些片段搜集起来进行整合，组成连贯记忆并长期储存。这个过程被称为**记忆巩固**，主要由脑中重要的记忆中枢——海马体负责。

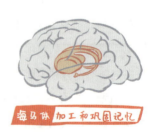

对过去的事情进行主动的回忆、思考和讨论，是巩固记忆的一种方式。此外，研究表明，睡眠有助于巩固记忆，因为睡眠时海马体中与特定记忆相关的神经元会被激活，从而强化记忆。

◆ **记忆的神经机制**

大脑接受信息刺激后，神经元突触的连接方式和强度发生持久改变，形成了记忆痕迹，存储在大脑中。我们进行回忆时，这些连接就被重新激活。在记忆巩固过程中，大脑神经元之间的交流会增强彼此的突触连接，从而促进记忆存储。

**3 提取：信息的重新呈现**

记忆的最后一步是重新呈现信息。如果无法呈现，那么之前的编码和存储也失去了意义。

◆ **无意识和有意识的提取**

正如编码过程可能是无意识的或者有意识的，记忆的提取同样如此。

当提取是无意识发生的，人们并没有做出回忆的努力时，涉及的是"**内隐记忆**"，它在你没有意识到的情况下影响着你的心理或行为。例如，先给你浏览一段文字，里面有"四面八方"这个词，之后请你填空"四__八__"，你会很容易就填上这个词。

当提取是有意识或者刻意的，涉及的则是"**外显记忆**"，比如问你最近阅读的一本书的主要内容，你就需要进行主动回忆。另外，"再认"也是一种对外显记忆的提取，比回忆更容易。回忆就像做问答题，再认就像做判断和选择题。

◆ **提取线索**

如同浏览器搜索需要关键词，我们对记
忆的提取也依赖于与存储内容有关的**提取线
索**。内隐记忆和外显记忆都需要有效的线索
才能提取。例如，你可能一闻到烤肉的香味
就想到了与家人野餐的经历。

我们编码记忆时所建立的联系都能作为提取线索，包括提示信
息、外部环境以及内部状态。

▷ **提示信息：** 如果得到的外部提示信息与需要回忆的内容相
一致或者相关联，那么就是有效的提取线索。例如，需要在一个会
议上记住不少人的名字，你按职业身份给他们分组后记忆（如"记
者"、"作家"和"画家"），那么当你回忆他们的名字时，这些身份
就是提示信息。

▷ **外部环境：** 提取线索与信息最初被编码时的环境越匹配，它
的提示能力就越强。如果你复习的地点恰好是考试的考场，那么你
周围的环境就可以帮助你回忆在这里编码的信息。

▷ **内部状态：** 情绪和状态也会影响我们的记忆，在开心的时候
能想起更多令人愉快的事情，在悲伤的时候则更可能想起其他不愉
快的事情。正是因为情绪线索和记忆的这种联系，夫妻之间吵架就
会经常翻旧账，想起以前不开心的事情，然后越吵越生气。

进行过精细编码的信息，提取线索更为丰富，所以更容易被记
住并回忆起来。我们学习新知识时，用自己的理解来复述一遍之所
以会比死记硬背的效果更好，就是因为编码时联系了已有知识，有
了更多的提取线索。

## 二、记忆的类型

有些记忆转瞬即逝，有些则会铭记一生。按照记忆保持时间的长短，可以分为感觉记忆、短时记忆/工作记忆和长时记忆三种，它们也是记忆的三个阶段。其中**感觉记忆**时间最短，大概只有几秒，甚至不到一秒；**短时记忆**居中，可以保持 15~20 秒；**长时记忆**则如同巨大的地下储藏室，储存的时间线从最初的记忆开始，一直可以延续到此时此刻。

## ① 感觉记忆：烟花易逝

生活中我们每时每刻都接受大量的视觉、听觉、嗅觉、味觉和触觉等信息的输入，但不可能将它们全部处理分析。图像和声音信息分别会在接收到的 1 秒和 5 秒内消退。感觉记忆只能维持几秒，让大脑得以筛选重要内容进入意识层面，之后就烟消云散。

当你在夜空中挥动手中的烟花，画出一个看起来有连续线条的图案，就是依赖于感觉记忆对烟花

感觉记忆保留了几毫秒内的视觉映像，形成了连续的图案，但也如烟花般易逝。

火光的短暂保留。

感觉记忆可以容纳的信息量远远超过意识能够达到的层面。但如果它们没有被输送到下一阶段形成短时记忆，那么很快就会消失。

**2 短时记忆 / 工作记忆：有限而重要**

对信息的短时加工包括存储和动态加工两个方面。从存储的角度来看，可称之为**短时记忆**，我们关注它的维持时间和容量；从动态加工的角度来看，可称之为**工作记忆**，我们关注它加工信息的功能。

◆ **短时记忆的时长与容量**

虽然我们一般意识不到感觉记忆，但是一定可以意识到短时记忆。

当你在阅读这些文字的时候，所意识到的信息就处于短时记忆中。短时记忆维持的时间是十几秒到几十秒。例如记别人的电话号码时，我们默读几遍，录入手机通讯录之后，不久就会忘记。

研究发现，一般人的短时记忆的容量是 **7±2** 个（5~9 个）信息单位[①]。一个信息单位是指一个独立的、有意义的单位，如数字、字母和汉字或者它们组成的其他有意义的信息。也就是说，短时记忆只有 7 个盒子，每个盒子里只能存放一个单位的信息，当这些盒子都被填满以后，就没有新的地方存放信息了。

针对短时记忆维持时间短、容量小的特点，有以下两个办法可以改善记忆：

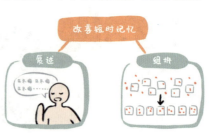

———————————

① 新的研究认为，短时记忆的容量为 4 个左右信息单位。

**复述**

反复重复信息，可以防止外界干扰，有利于信息在意识层面的维持。信息在短时记忆中保持的时间越长，进入长时记忆的可能性就越大。

更好的办法是对信息进行**精细复述**，即有意义的编码。

**组块**

把多个信息组成一个有意义的单位，让我们需要记忆的项目数变少。

例如要将下列字母按顺序逐个记住可能比较困难：BJSHGZSZ。但当你发现它们是北京、上海、广州、深圳四个城市名称拼音的首字母后，是否立马就记住了呢？因为 8 个信息单位变成了 4 个有意义的信息单位。

◆ **工作记忆：功能强大的控制中心**

工作记忆相当于大脑中的一个"工作台"，负责暂时存储和加工进入意识层面的信息。在这个工作台上，视觉、空间和声音信息被加工整合，新信息与之前存储的旧信息联系起来，以便下一步输送到长时记忆这个"大仓库"中。

工作记忆对于推理、解决问题、阅读理解等高级认知活动非常重要。例如，在进行复杂的心算时，它帮助我们记住中间结果并用于下一步运算；如果工作记忆处理能力较弱，则可能需要借助纸笔来记录。

### 3 长时记忆

长时记忆可以维持数小时、数日、数年乃至终身。我们掌握的知识和技能基本都属于这个范畴。长时记忆中的各种项目根据意义联系在一起，构成一个复杂的信息网络，方便我们搜索需要的内容。

目前还无法用数量表示人类长时记忆的容量，但这个容量大得惊人，甚至有心理学家认为是无限的：我们的脑海中有各种经历、事实、词汇、知识与技能，而且不需要忘掉之前的知识就能再学习新知识。

长时记忆包括陈述性记忆和程序性记忆：陈述性记忆的提取需要思考，需要意识的参与，属于外显记忆；而程序性记忆通常是内隐记忆，比如学会骑车后就不用考虑双腿应如何运动了。

**陈述性记忆**

事实、知识和经验等，可以被"陈述"出来。它包括以下两种类型：

**情景记忆**：对事件和经历的记忆，包括事情发生的时间、背景等信息，比如童年时父母拉着你散步的情景。

**语义记忆**：对语言、事实和知识的记忆。比如你虽然还记得乘法表，还记得李白的《静夜思》，但可能已想不起学习它们时的情景。

**程序性记忆**

指导我们如何做某事的记忆，比如如何穿衣服、骑自行车或者演奏乐器。

刚开始训练时需要有意识地注意，熟练掌握之后不需要意识的介入就能完成。

## 三、记忆的问题：遗忘与差错

记忆并不总是靠谱的。有时我们会丢失一些重要的记忆，有时记忆会出差错，甚至编造出不存在的经历。

**1 遗忘**

我们会随着时间的推移忘记过去的事情，例如想不起来一周前的晚饭吃了什么，记不住昨天背过的单词是什么意思。

遗忘有规律吗？德国心理学家赫尔曼·艾宾浩斯通过实验总结出人们的**遗忘曲线**：如果不抓紧复习，我们会在学习之后快速遗忘学到的内容，一天后只记得 1/3，六天后只记得 1/6；之后的遗忘速度会慢下来。

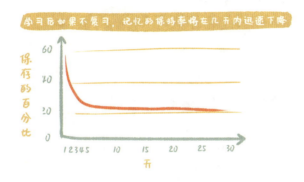

在记忆过程中，编码、储存和提取三个环节中任何一个出现问题，都可能导致遗忘：

◆ **编码失败**

没有编码的信息不会被存储并记住。编码过程中如果心不在焉，也会导致遗忘，例如，把东西随手一放，就很难再找到。另外，随着年龄增长，大脑的编码能力下降，也是记忆衰退的原因之一。

◆ **存储消退或者被干扰**

记忆活动会在大脑中形成记忆痕迹，但这些痕迹如果得不到强化，就可能会逐渐减弱直到消退。

大脑损伤或者病变有可能导致以下两种类型的遗忘：

▷ **顺行性遗忘**——病人记得发病之前的经历，但无法再产生新的记忆。

▷ **逆行性遗忘**——忘掉了之前的长时记忆，但是可以形成新记忆，也就是通常电视剧里主人公出车祸后的失忆桥段。

另外，新旧信息之间发生冲突所导致的干扰，也是遗忘的原因：

▷ **前摄干扰：** 旧有的记忆妨碍了新信息的学习。比如你设了个新的开机密码，但是输入时只能想起烂熟于心的旧密码。

▷ **倒摄干扰：** 新的信息阻碍了对旧信息的回忆。比如背课文时，新的一段背下来，却忘了背过的上一段内容。

◆ **提取失败**

记忆不但会消逝，还会受到很多因素的干扰而变得难以提取。

提取失败的原因可能是没有合适的提取线索。比如看见一个熟人，却怎么也叫不出他的名字，这种体验被称作**话到嘴边现象**。这时记忆已经被编码存储，然而缺少合适的提取线索来激活它。朋友问你"去年此时你在做什么"，你可能不记得；但是如果提醒你"那天是毕业前的最后一天"，你可能一下子就能想起很多事情。

记忆是认知和解释系统，而不是录像机。人们会用自己认为合理的方式重建记忆。下面这些记忆错误告诉我们，不应该对自己的所有记忆坚信不疑。

◆ **记忆错位**

将提取的记忆嫁接到错误的时间、地点、人物上。这种现象可能导致目击证人的证词发生错误。

有这么一个案例：受害者在被侵犯前正在看电视直播采访，她后来在指认嫌犯时，将当时电视直播中出现的专家错认为侵害她的嫌疑人（当然，这位专家有确凿的不在场证明）。

◆ **易受暗示**

人们可能会把外部的暗示信息整合到自己的回忆中，甚至凭空创造不存在的记忆。比如，法庭上的证人可能会受到律师话语的引导，从而说出不真实的证词；曾有人因为心理治疗师的暗示而坚信自己童年曾遭遇性骚扰，但实际这并未发生。

## 🧪实验

### "暗示"对记忆的作用

研究人员让被试观看一段视频，视频中，两辆车撞在了一起。之后，被试分成两个组，研究人员分别询问他们问题。

A 组被问道："刚才两辆车**猛撞**在一起的时候，你估计速度有多快？"

B 组被问道："刚才两辆车**触碰**在一起的时候，你估计速度有多快？"

结果是，A 组报告的平均时速大于 65 公里，B 组报告的平均时速为 50 公里。

一周以后，研究者又把被试叫回来，问他们："在之前看过的视频中，你看到地上的碎玻璃了吗？"A 组有 33% 的人回答"看见了"，而 B 组只有 14% 的人回答"看见了"。事实上，视频里根本没有碎玻璃的画面。

从这个实验可以看到，仅仅一个小小的暗示，错误的记忆就生成了，而且经过的时间越久，我们越不容易发现这个记忆的错误性。

◆ 偏差

个人的信念、态度和经历会让回忆发生扭曲。例如，让学生回忆自己过去的成绩，学生往往会夸大实际成绩，因为他们会按自己的期待塑造记忆。

🗨 讨论

**如何看待记忆的种种问题？**

看到我们的记忆有如此多的不完美之处，你是否感到不满和沮丧？事实上，这些问题都有其存在的意义与价值，也是我们为记忆高效运转的好处而付出的代价：

- 如果不会遗忘，那我们的脑海中将充满各种细节，大脑难以正常运转；
- 注意力不足导致的编码或者提取失败，是我们合理分配注意力资源的副产物；

- 记忆的错误与记忆的灵活性有关：我们在需要的时候，用新的方式把各种元素组合在一起，在主观填充记忆空白的过程中发生了错误。

客观看待记忆的问题，我们就能够有意识地趋利避害，让记忆更加有效地为我们服务。正如记忆研究专家丹尼尔·夏克特在《找寻逝去的自我》中所说：

就我们人类的记忆系统而言，虽然它远不能完善地满足人的全部需要，但它确实相当出色地完成了我们赋予它的大量任务。

## 书籍推荐

### 《找寻逝去的自我》

作者曾任哈佛大学心理系主任，是记忆研究领域的杰出专家，他的研究成果被广泛引用在各种心理学教科书中。这本关于记忆的科普书，在大量的科研成果和临床实例的基础上，用生动易懂的方式，带我们探讨人类记忆的原理：我们如何通过编码和提取建构记忆，记忆为何会歪曲，记忆的痕迹如何消失，等等。作者另一本广为人知的著作是《记忆的七宗罪》，生动阐述了记忆中可能会出现的各种问题。

作者 ▶
【美】丹尼尔·夏克特
（Daniel L. Schacter）
出版社 ▶
吉林人民出版社

## 四、如何更好地记忆

在了解记忆的过程、分类、遗忘和错误的同时，我们也学习了加强记忆的方法和技巧：

▷ **在编码方面：** 对于需要记忆的事物做深度信息加工，赋予意义，建立新知识和已有知识的联系；对信息进行分类、组织和总结概括；充分利用视觉化编码，因为大脑喜欢图像。

▷ **在存储方面：** 通过复述和组块的合理运用，更好地利用工作记忆。

▷ **在提取方面：** 建立自己的提取线索网络，用与编码时一致的内外部状态激活线索，多进行提取练习（例如复述）。

▷ **睡眠的作用：** 睡眠是大脑整理记忆的机会，能对记忆的巩固起到积极作用。

虽然已经进行了大量研究，但关于记忆还是存在很多未解之谜。《科学》杂志在创刊 25 周年时列出了 125 个最具挑战性的科学问题，"记忆的储存和恢复"排在第 15 位。无论是"编码、储存和提取"的过程，还是"感觉记忆、短时记忆 / 工作记忆和长时记忆"的三个阶段，都是心理学家为了帮助我们更好地理解记忆机制所建立的模型。跟随科学家一步步地加深对记忆本质的认识，将拓展我们对人类心灵世界的理解。

## 🔍 回顾与思考

在这一章里，我们学习了记忆的过程——编码、存储和提取，以及每个环节的特点与机制。我们认识了三种类型的记忆——感觉记忆、短时记忆 / 工作记忆和长时记忆，它们都在生活中扮演着不可或缺的角色。尽管遗忘和记忆错误不可避免，但是人类的记忆依然出色地完成了大量任务。通过合理的方法与技巧，我们可以让记忆发挥更大的作用。

**请结合本章的内容，思考如下问题：**

❓ 你在生活中遇到过哪些记忆方面的困扰？通过本章的学习，你是否对这些有关记忆的问题有了更深的了解？

❓ 本章中你学到的记忆技巧是否可以应用到工作或学习中？你准备如何加强自己的记忆？

# 第八章

# 思维：
# 怎样思考更高效？

瑞典学者汉斯·罗斯林多年来在世界各地巡回演讲时，都会拿13道看起来并不难的、关于"客观事实"的题来让听众选择答案。比如：在全世界所有低收入国家中，多少女孩能够上完小学，20%、40% 还是 60%？

听众中不乏各行各业的专家以及受过名校高等教育者，甚至还有诺贝尔奖得主。但在他的问题清单中，单个问题的最高正确率仅为 26%。如果让动物园的大猩猩随机选择，正确率都能到 33%！

人类引以为傲的理性、复杂的思考能力，的确创造了无数令人惊叹的奇迹。但我们的思维既能够利用信息，也会误用信息；理性与非理性是共存的。那么，什么是思维？我们有哪些不同的思维过程？什么是有效的思考策略？我们在思考过程中又会遇到哪些障碍和偏差？

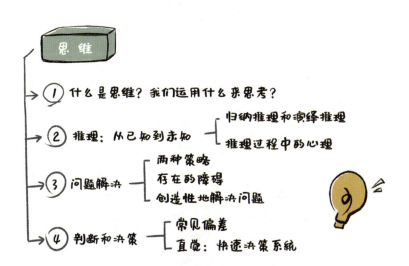

## 一、什么是思维？我们运用什么来思考？

**1 什么是思维？**

利用感知觉和记忆提供的信息，我们的脑中进行着各种复杂的信息处理活动，比如：

当我们思考时，大脑利用来自内外部的感知觉和记忆等"原材料"，创造出**概念、表象**等"组件"，然后对它们进行进一步组织和加工，最终形成推理、问题解决和决策等。这种复杂、高级的认知过程，就是"思维"。

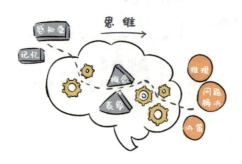

**2** 我们运用什么来思考：概念和表象

我们思考时，既使用概念（以语言体现），也使用感觉表象。

◆ **概念**

我们对一类事物进行概括后形成的观念即"概念"。它可以帮助我们组织和整合信息、概括事物的特点并对事物进行分类。

比如说到"鸟"的时候，我们就想到会飞的、有两条腿的、有羽毛的动物；当看到具有这些特点的动物时，就算以前没有见过，也可以把它们归类到"鸟"这个概念下。

💡**提示**

"概念"本身就是一个概念！

◆ **表象**

当事物不在眼前时，头脑中出现的关于事物的图像就是"表象"。

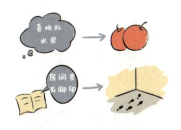

比如，提到最喜欢吃的水果，你脑中可能会马上浮现出它的样子；阅读侦探小说中对犯罪现场物品位置的描述时，你脑中也会很自然地出现还原犯罪现场的图像。

除了视觉表象，也存在其他感觉形态的心理表象，如：

▷ **听觉表象**（想象一首歌的旋律）；

▷ **嗅觉表象**（想象火锅的味道）；

▷ **触觉表象**（想象抚摸一只猫的柔软毛发的触感）。

与文字相比较，表象能更形象和直观地传达信息。比如，在学习和阅读中，"视觉思维"能够促进理解和记忆。

下面讨论三类思维过程：推理、问题解决，以及判断和决策。

## 二、推理：从已知到未知

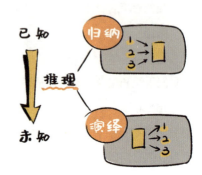

**推理**是根据已知条件推导出未知结论的过程，**归纳**推理和**演绎**推理是最基本的两种推理形式。

**1** 归纳推理和演绎推理

### 归纳推理

从一些例子中归纳出一般性结论或规律的推理过程，是"从特殊到一般"的思维。

### 演绎推理

根据一般规律推导出具体结论的推理过程，是"从一般到特殊"的思维。演绎推理的一般模式是"三段论推理"，包括大前提、小前提和结论。

在推理的过程中，人们有时并不能严格按照逻辑规则进行，因为有些心理因素会"诱导"人们做出不正确的结论，例如下面这个三段论推理：

> 大前提：所有的 A 都不是 B
>
> 小前提：所有的 B 都是 C
>
> 结论：所有的 A 都不是 C

上面这个结论是错误的[①]，但人们经常会误判，认为它是正确的。心理学家对出现错误的原因给出了不同的解释：

▷ **气氛效应：** 在三段论的演绎推理中，如果前提中有"一些""所有"这样的量词，就会产生一种"氛围"，让人们更可能去接受包含这些量词的结论。上面的例子中受到大小前提中"所有"的影响，人们倾向于接受"所有"的结论。

▷ **对前提的错误解释：** 上面的小前提"所有的 B 都是 C"，B 不是 C 的"既充分又必要"条件，如果对这个前提解释错误，认为"所有的 C 都是 B"，就会得出错误结论。

▷ **其他因素：** 人们的推理还会受到诸如记忆容量、情境、经验等因素的影响，这些因素也可能会导致人们做出错误的推理。

---

① 用圆圈画一个简图，你会发现，大前提和小前提中并未涉及 A 和 C 的关系。

心理学主要研究推理的心理过程，以及有哪些因素会影响推理的准确性。而逻辑学则系统地研究推理的形式和规律。

## 三、问题解决：策略与障碍

当前的状态和想要达到的目标状态之间的差异，就是问题。我们每天都面临着各种需要解决的问题，例如：如何在有限的时间里完成多种任务？把女朋友/男朋友惹生气了，该怎么安抚对方？如何制订一个旅行计划？

**问题解决**指为了从一个令人不满意的最初状态，达到希望获得的一种目标状态而进行的一系列操作。

### 1 问题解决的两种策略

问题解决的主要策略有两种：算法和启发法。

◆ **算法：一套按部就班的公式或程序**

例如，让你用 A、C、T 三个字母来组成一个正确的英文单词，你可以根据字母间的排列组合列出所有的可能答案，然后找到正确答案（ACT 或 CAT）。计算机就是使用算法策略来解决问题的。但当涉及主观、复杂的问题，或者没有现成算法时，则无法使用这种策略来解决问题。

◆ **启发法：根据经验法则，通过少量的尝试达到问题解决的目的**

这种策略比算法更加简便灵活。常用的启发法有以下三种：

**逆推**

从想要达到的最终目标开始分析，一步一步倒推，直到回到最初状态。例如我们走迷宫的时候，常使用逆推法。

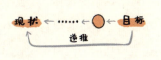

**类比**

类似问题用类似方法解决。比如，我们可以用计算机的信息处理过程来类比理解大脑的信息加工机制。

**把大问题分解成小问题**

把最终目标分解成若干个小目标，通过完成一个个小目标来实现大目标。

## 2 问题解决过程中的障碍

一些认知倾向可以帮助人们利用经验迅速解决问题，但也可能成为问题解决过程中的障碍。

◆ **心理定势**

我们倾向于用过去常用的方式来解决新问题，但有时候这种先入为主的方法或观念可能是错误的或不适用的。

◆ **功能固着**

对于熟悉的物体，了解它的常用功能后，很难看出它还有什么新用途或新功能。然而有时候，根据情境的需要发现物体的新功能，有助于解决问题。

◆ **缺乏特定的知识和经验**

相较新手，专家往往更善于解决问题。新手和专家之间的差异来自：

▷ 知识和经验数量上的差别：在专业领域，专家拥有更加丰富的专业知识。

▷ 知识组织上的差别：专家更能看到不同知识之间的内在联系和应用方法。

◆ **其他障碍**

▷ 问题呈现的方式是否直观，问题的表述是否清晰。

▷ 有没有解决问题的兴趣和动机。

▷ 情绪低落还是愉悦、承受压力的情况等。

**3 创造性地解决问题**

**创造力**是为解决问题提供新奇思路的能力。在解决问题的过程中，创造力起着重要作用。

测测你的创造力

请你在1分钟内尽可能多地列出红砖的用途

可以用来做什么？

右图的小测试1分钟内你想出了多少种答案？这些答案又是如何揭示你的创造力的呢？

◆ **如何衡量创造力？——发散性思维**

**发散性思维**是创造力的主要成分，创造力的高低可以通过发散性思维的三个维度来衡量：流畅性、独特性和变通性。

▷ **流畅性：** 一定时间内能想到的答案的数量。创造力较强的人能在较短的时间内想出数量较多的答案。

你的答案数量越多，说明你发散性思维的流畅性越好。

▷ **变通性：** 发散性思维的范围。创造力越强的人，思维的变通性越好，能想出的一个物体的非常规用途越多。

你的答案维度越多样，发散性思维的变通性就越好（比如红砖可以用来压纸、钉钉子、吓唬人，而不只局限于做建筑材料，比如盖房子、筑墙）。

▷ **独特性：** 思维的与众不同性。一个答案被越多人提到，这个答案的独特性就越差。

如果你想到了一些一般人都想不到的答案（比如红砖可以用来

磨成粉做颜料），那么说明你思维的独特性较好。

◆ **如何培养创造力？**

> 重要的创造性成就的取得需要具备本领域的专业知识和技能，这需要多年的投入，有时是刻意练习的结果。所有的思维背后，都是同样的"普通"思维过程。
>
> ——罗伯特·韦斯伯格，《如何理解创造力》

创造力并不是只属于一些天才的特殊天赋，而是一项通过训练可以提高的技能。如何变得更有创造力？心理学家有如下建议：

▷ **增加专业知识：** "你在变成一个专家之前是不会变得非常富有创造力的"，大部分有创造力的人，在他们所在的领域有着非常丰富的专业知识。

▷ **对某个问题有强烈兴趣：** 大部分有创造力的人都有着强烈的兴趣和动机去解决问题。对某件事情没兴趣的人大概率是不愿意花太多时间去思考它的，而不思考就不会有创造力产生。

▷ **先努力思考一个问题，然后放松：** 先在一个问题上持续地、深入地思考，然后把这个问题放在一边，转移一下注意力，给创意留下"孵化"的时间。

▷ **保持开放性：** 体验多元的文化，尝试去了解他人的思考方式，都有助于你变得更有创造力。

## 四、判断和决策：我们是理性的吗？

我们每天都在进行判断和决策——小到午饭吃什么，大到选择何种工作。判断和决策是两个既有联系又有区别的概念：

**判断**

我们形成某种看法、对人和事做出评论性评估的过程。

比如：他是不是个好相处的人？

**决策**

在几种不容易判断好坏的备选方案中做出选择的过程，也就是"拿主意"。

比如：在一定的预算范围内，是买郊区的大房子，还是买市区的小房子？

判断和决策密切相关、相互交织；决策与行动的联系更为紧密。

我们如何做出判断和决策？传统经济学的"理性人假设"认为，人们都是理性的，清楚地知道需要解决的问题和想要达到的目标，能得到所有相关信息和备选方案，并且追求最优方案。

但在现实生活中，我们只具备**有限的理性**，很多时候我们会依靠感觉来**快速决策**，大脑在判断和决策过程中经常会"偷懒"和"走捷径"，这可能导致各种偏差。

**1 判断和决策过程中的常见偏差**

### ◆ 可得性偏差

人们会根据事情回想起来的难易程度来判断其发生的概率。新闻媒体会更多地报道不同寻常的事情，导致人们往往高估意外事故发生的频率。

例如，一个经常在微博上关注明星婚姻变故的人，很可能会高估整个社会的离婚率。

## 研究

有一项实验询问夫妻双方各自为家务做出的贡献，用百分比来表示，结果夫妻双方都觉得自己比对方做了更多，双方自我估计的贡献率合计超过 100%。

这一情况也出现在团体任务中：人们往往觉得自己比其他团队成员做出的贡献更多。

我们之所以会高估自己做出贡献的比例，往往是因为自己的努力和所作所为更容易被记住和想到。

意识到自己的偏见有助于夫妻和睦相处，也有利于在团队合作中和他人建立更融洽的关系。

### ◆ 代表性偏差

人们在估算一件事情发生的概率时，常常会根据某个明显特征将其归入某一总体，而忽略基础比率信息。

例如，看到一位在图书馆里看书的戴眼镜的老先生，你可能会觉得他是一名大学教授，但实际上大学教授占总人口的比例非常低，他很可能只是一位喜欢读书的老先生。

### ◆ 锚定偏差

人们在做估算时，会受到最初接触的数值（"锚"）的影响，估算的数值会向"锚定值"趋近。

商家常常会利用人们的锚定心理来做促销，在商品的价格标签上写一个比较高的原价，将其划掉后再写一个促销价，让人们觉得这件商品很划算，更值得购买。

◆ **证实偏差**

人们更倾向于关注和接收与自己现有想法及观点一致的信息，从而"证实"自己的想法。遇到和现有想法相悖的信息时，人们可能会忽略或无视它们，甚至会去批判，而不是根据新信息来调整自己的观点。

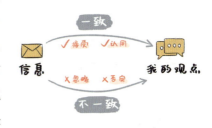

比如坚信"有神论"的人总是能找到一些现象作为例子，来证明神的存在。

◆ **框架效应**

我们做决策的时候，常常会受到问题表述方式（也就是"框架"）的影响。

例如，治疗某种疾病有两种可选药物，用 A 药物有 70% 的治愈可能，用 B 药物有 30% 的治疗无效的可能，人们会倾向于选择 A 药物还是 B 药物？

更多的人会选择 A 药物，然而实际上 A 药物和 B 药物的治愈率是相同的，只是表述方式不同：A 是从成功的角度来表述的，B 是从失败的角度来表述的。

可见，对相同的信息用不同的方式表述，也许会显著地改变人们的选择。有时候"怎么说"比"说什么"更重要！

## 💬 讨论

**如何看待这些决策偏差？**

这些常见的认知偏差是人类有限理性的体现。为了节省心理资源，大脑会通过"走捷径"的方式做出快速判断，很多情况下这是有效的、可接受的。

但是我们仍要对可能的错误和偏差保持警惕，尤其在做一些重要决策的时候，更需运用理性和批判性思维，克服认知偏差，从而做出更好的决策。

## 📖 书籍推荐

### 《事实》

还记得开头提到的瑞典学者汉斯·罗斯林吗？他认为，人类对世界的认识存在系统性的错误，并不是由于缺乏知识或者知识过时，而是由于我们"情绪化的本能和过分情绪化的世界观"。为了理解为什么人类对世界的认识存在那么大的偏差，他在《事实》这本书中总结了误导认知的十种思维本能，并且给出了实用的建议，帮助我们克服思维本能的局限。比尔·盖茨在 2018 年推荐了这本书。

作者 ▶
【瑞典】汉斯·罗斯林
（Hans Rosling）等

出版社 ▶
文汇出版社

## 2 直觉：快速决策系统

人们的判断和决策很多时候并不是根据有意识的深思熟虑的推理，而是依靠无意识的**直觉**——快速的、自动化的、不经推理的大脑加工过程。

直觉是进化的结果，帮助我们的祖先在危险的情况下迅速做出反应；但直觉也会把我们引向上文介绍的各种认知偏差。

### ◆ 什么时候可以依靠直觉？

▷ 专家的"直觉"是丰富的内隐知识的体现，例如象棋大师看一眼棋局就能根据"直觉"判断正确下法。但在某一领域的直觉是特定专业能力的积累，并不适用于其他领域。

▷ 在处理社交信息或者对人进行判断时，直觉相对能够发挥作用。心理学家做过不同的实验，让被试仅根据十几秒的视频来判断两个人的关系，或者判断别人有没有说谎。结果是凭直觉做出的判断往往比思考后的判断更准确。

▷ 情况复杂且时间紧迫的时候，我们可以依靠直觉。

### ◆ 什么时候直觉并不可靠？

▷ 直觉不擅长数学计算，进行数值判断或统计分析时，直觉常常出错。面对数字的时候，仔细的计算和分析更为可靠。

▷ 当有更长的时间做出判断和决策时，根据专业知识做出的决策比直觉决策的质量更高。你可能觉得考试时第一次选择的答案更准确，总是懊悔自己仔细思考后反而把答案改错了；但研究人员通过分析发现，其实大部分情况下经过思考修改的答案是对的。

当面临比较困难的决策时，我们要均衡使用"分析"和"直觉"这两种思维武器：收集尽可能多的信息，理性思考，仔细分析，然后留给大脑"酝酿"的时间，在无意识中进行进一步的加工和整理。说不定你会在某个不经意的瞬间灵光乍现，像阿基米德一样大喊一句："我想到了！"

## 📖书籍推荐

### 《思考，快与慢》

以色列裔美国心理学家丹尼尔·卡尼曼因为对判断和决策领域的卓越研究而获得了 2002 年的诺贝尔经济学奖，这本书就是他多年研究和思考成果的集大成之作。书中，卡尼曼介绍了我们大脑的两个系统：无意识的系统 1 和有意识的系统 2。系统 1 依赖情感、记忆和经验迅速进行直觉判断，使我们能够迅速做出反应，但同时也使我们很容易上当，任由错觉和偏见引导我们做出错误的选择。系统 2 会调动注意力来分析和解决问题，不容易出错，但它很懒惰，更喜欢走捷径而直接采纳系统 1 的判断结果。对人类思维方式和思维偏差的理解，能够指导我们在工作和生活中做出更好的判断与决策。

作者 ▶
【美】丹尼尔·卡尼曼
（Daniel Kahneman）
出版社 ▶
中信出版社

## 💡回顾与思考

　　大脑利用感知觉和记忆提供的信息，创造出"概念"和"表象"，形成推理、解决问题以及判断和决策这三个主要的思维过程。我们在思维过程中表现出"有限理性"，无意识的直觉既能帮助我们节约心理资源、做出快速判断，又可能带来各种障碍和偏差。

**请结合本章的内容，思考如下问题：**

❓ 你最近需要解决的最重要的问题是什么？你使用了哪些策略来解决问题（如逆推、类比、分解问题等）？你在解决问题的过程中遇到了哪些障碍？

❓ 回顾你最近做过的一些判断和决策，你更依靠理性还是直觉？你是认为自己会落入各种思维偏差，还是觉得自己比别人更容易避开思维偏差？

第九章

# 语言：
# 如何搭建沟通的桥梁？

1920 年，在印度的丛林中，人们发现了一个被狼养大的女孩，给她起名为卡玛拉。她从出生起就被狼叼走，直到 8 岁才回到人类世界。之后几年内她学会了直立行走、吃熟食、穿衣服等生活技能，但是直到 17 岁去世时依然没能获得正常的语言能力，只会说几个简单的词。

语言在人类社会中扮演着至关重要的角色：沟通信息、思考问题、理解世界以及传达想法。在物理学家眼中，语言是声带引发空气振动的结果；在生物学家眼中，语言是人类在进化过程中获得的有利于生存的技能；而心理学家研究的，则是个体层面的语言活动中发生的心理过程，并由此衍生出心理语言学这一独立学科。

在你畅所欲言时，是否考虑过这些问题：什么是语言？人们如何利用语言进行沟通？我们从牙牙学语到熟练掌握语言，经历了怎样的过程？语言对我们思考问题有何影响？

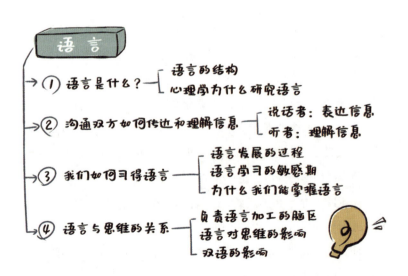

## 一、语言是什么

不管是借助声音的口语，还是借助文字的书面语，或者是借助手势的手势语，都符合语言的定义：

> 语言是用于沟通的符号系统，这些符号通过语法规则组织在一起，传达特定的意义。

如果没有特意区分，下面提到的"语言"指的是口语。

### 1 语言的结构

地球上存在的人类语言有几千种，不同语言之间千差万别，但是所有语言都由几种基本的结构要素、按照一定规则组织而成。这些要素就像搭积木时使用的小木块：

▷ **音素**：能够被区分的最小语音单位。比如"他"读作 ta，包括了 /t/ 和 /a/ 两个音素。世界上的语言共有近千种音素，但同一种语言一般只由其中的几十个音素构成，不同语言之间的音素差异极大，所以我们学习外语时经常会被陌生的读音难住。

▷ **词素**：能够传递意义的最小语言单位。它可以本身就是一个词，或者是词的组成要素。比如"心"，既可以独立成词，也可以和别的词素组合成"心情""恶心"等；而"着"这个词素则一般要和别的词素组合使用。英语的 pre-（在……之前）、-ed（过去式后缀）等也都是词素。

▷ **语法：** 语言中的规则系统，包括词法规则和句法规则：前者说明词素如何组成词汇；后者说明词汇如何组成句子。比如我们会说"读书"而不是"书读"；句子中也有一定的主谓宾顺序。

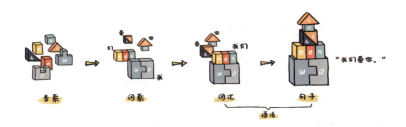

一个句子的措辞方式是表层结构，其含义则是深层结构。同一个想法可以用多种方式表述出来，我们通常记住的都是深层结构（语义信息）而非原话。例如，当我们听到"牛顿被一个苹果砸到了"或者"一个苹果砸到了牛顿"时，首先记住的是它们传达的意思，而非具体的表述方式。

## 2 心理学为什么研究语言

你或许感到奇怪：心理学家为什么要抢语言学家的工作？事实上，语言是人类心理表征的一种方式，与抽象逻辑思维、自我意识形成以及记忆等心理活动都有密切关系。研究语言有助于心理学家深入了解人类心理活动的特点与规律。同时，语言发展和神经机制方面的研究对于儿童心理发展与教育以及语言障碍患者的治疗等都有着重要意义。

## 二、沟通双方如何传达和理解信息

用语言交流对我们来说似乎是自然而然的事，但这个过程其实包括了一系列复杂的程序：说话者将想法转化成语言，语言的传递，听者对语言的理解。其中任何一个环节出现问题，都会导致沟通失败。

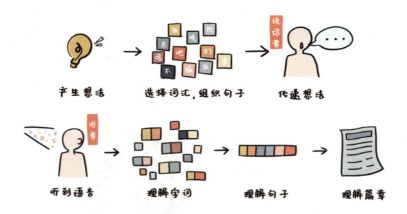

沟通双方需要完成哪些任务，才能确保交流顺利进行呢？

1 说话者的任务：如何正确表达信息

◆ 表达信息的步骤

说话者表达信息，有时经过深思熟虑，有时在一瞬间就完成了，但都包括以下几个步骤：

▷ 首先，我们会有一个目的或动机，明确自己到底想要向听者表达什么，并根据听者是谁来组织语言；

▷ 接下来，我们要选择合适的词汇，并按照语法规则组合成句子；

▷ 最后，我们需要把句子转化成语音说出来。

比如你在餐厅点菜时，可能会经历这样的过程：先想好自己要吃牛排，然后组织主谓宾的结构为"我想吃牛排"而不是"牛排想吃我"，最后把这句话说给服务员听。

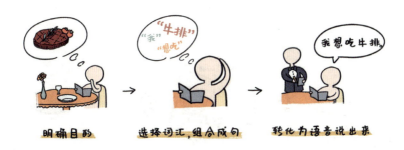

明确目的　　选择词汇，组合成句　　转化为语音说出来

◆ **心理词典**

大多数情况下，我们都可以不假思索地准确找到词汇来表达想法，那么我们是怎样做到这一点的呢？

每个人的大脑中都有一本**"心理词典"**，里面储存了大量的词汇写法、发音和词义等知识。就像真正的词典一样，心理词典中的词汇也按照一定的规则来组织分类（例如使用频率高的排在前面），方便我们快速查阅、提取。通过学习，我们会不断对心理词典的内容进行补充与更新。

听者需要理解字词、句子和篇章的意思，而且沟通的情境也很重要。

◆ **对字词的理解**

听者先接收语音输入，分辨其中的音素，然后在心理词典中匹配符合这个读音的词汇，最终理解语言要表达的含义。比如，在餐厅里，服务员听到顾客说"niúpái"，他要确定这个词是"牛排"，并理解它指的是餐厅的一道菜。

读者对于文字理解的过程也类似，不同之处是从语音的听觉输入变成了字形的视觉输入。另外，在查阅心理词典时，我们既可以直接利用字形进行匹配找出词语含义，也可以先将文字转化为语音，再像口语一样进行理解。

◆ **对句子的理解**

在理解字词的基础上，我们对整个句子进行句法分析和语义分析。这是两个独立的过程，既要加工语法结构，又要加工语境含义。如果遇到多义词，可以通过整个句子的语境确定其含义。比如，听到"我以后再找你算账"和"那个会计正在帮公司算账"这两句话时，听者对于"算账"这个词的理解是完全不同的。

◆ **对篇章的理解**

在生活中，我们面对的时常不是单个的句子，而是整个篇章。除了理解每个句子的含义之外，在语篇中还存在很多帮助文本前后保持连贯的线索。比如，如果前文提到"小明养了一只狗"，那么后文中的"它"或"那只狗"就有了明确的指代含义。此外，我们还需要根据语境和自身经验进行很多推理，在已有信息的基础上增加我们的猜测。

## 三、我们如何习得语言

尽管婴幼儿的很多能力尚未发展完全，但他们学习语言的能力令成人都自愧不如。从第一声"妈妈"或"爸爸"到完全掌握语言，这个过程中到底发生了什么呢？

**1 语言发展的过程**

不同民族的儿童掌握母语的过程是类似的，先听懂，再说出来。当儿童已经能够理解复杂的句子时，有可能在表达上还无法把两个以上的词串起来。

在发声和说话方面，大致阶段如下（不同儿童在发展进度上可能存在一年以上的差异）：

## ◆ 1 岁前：牙牙学语

从两三个月大开始，婴儿会发出很像说话但没有意义的声音，持续到 1 岁左右，为接下来的语言学习做好准备。

一开始婴儿的咿呀声里包含各种语言的声音元素，不受自己语言环境的影响。但到 6 个月大时，咿呀声开始有口音的区别了，他们的发音会体现出自己母语的特点。

## ◆ 1~1.5 岁：说单个词

1 岁左右，婴儿能说出第一个词，学会用声音交流意义。到了 1 岁半，婴儿的词汇量呈爆炸式增长，他们每天都能学会一个甚至几个词，到上学时词汇量已经过万。

## ◆ 1.5~2 岁：说双词句

1 岁半左右，儿童开始说双词句（也被称为"电报式语言"），经常是动词和名词组成的短语，比如"吃苹果"。他们已经掌握了基本的句法规则，比如动词应在宾语前面，要说"吃苹果"，而不能说"苹果吃"。

## ◆ 3 岁以后：说完整句

3 岁左右，儿童能够说出简单的完整句子。到了 4~5 岁时，句子变得更长、更复杂，语言习得的各方面都已完成。

研究发现，由于被领养等原因稍晚一些接触语言的儿童（2~3 岁），也会按上述顺序掌握语言，并且学习单词的速度更快。

### 2 语言学习的敏感期

儿童在发展过程中，存在一个特殊并且有时间限制的时期，在某个方面或者领域发展最为迅速，这个时期称为"敏感期"。儿童在敏感期获得丰富的环境刺激，有利于发展相关的能力。

研究表明，童年期是母语学习的敏感期。正常儿童如果在敏感期里得到充分刺激，语言能力就会按规律发展，自然而然地习得语言。在语言敏感期，大脑可塑性强，学习语言事半功倍，因此一个发育正常的儿童能够以令人惊叹的速度熟练掌握自己的母语。

当然，只要不是像"狼孩"那种完全没有得到语言输入的极端情况，错过了敏感期也并不意味着学习之窗完全关闭，大脑仍然存在一定的可塑性，只是人们在学习中需要付出更多努力，消耗更多的注意力资源。

## 3 为什么我们能掌握语言

为什么人类可以快速而轻松地掌握语言？关于语言发展的机制，主要有三种理论：

◆ **学习论（经验论）**

行为主义心理学家认为，学习语言就像学习其他技能一样，是通过模仿和强化完成的。比如，婴儿会发出很多声音，有些被父母忽略了，而有些类似于"妈妈"或"爸爸"的声音就会得到表扬和鼓励。这些得到强化的发音会逐渐保留下来，而没有得到强化的语音则会逐渐消退。

语言学习中确实存在模仿的现象，学习论对儿童早期简单的语言学习提供了简洁的解释。但是，它难以解释语言发展中的很多特点，比如：为什么儿童可以在没有专门学习语法的情况下，创造符合语法的新句子，而并不仅仅局限于模仿听过的句子？

◆ **先天论**

美国语言学家诺姆·乔姆斯基提出，人类天生具备学习语言的能力。不同语言之间存在相似的内在结构，称为"普遍语法"，而人脑中有一种先天语言发展能力，被称为"语言习得装置"。这个先天装置使得婴儿只要有刺激输入，成长到一定阶段就能快速掌握语言，就像学走路一样。

> 尽管我们说着不同的语言，但我们拥有相同的心智结构，语言是洞悉人性的一扇窗。
>
> ——史蒂芬·平克，《语言本能》

先天论能够解释语言方面的很多现象，例如：不同国家和地区的婴儿都会在相似的年龄，按照相似的轨迹发展语言能力；又如：患有"遗传性言语障碍"的儿童，尽管智力正常，却无法掌握语法规则。而且研究发现了与语言有关的特定基因，支持了先天论观点。但先天论并没有说明学习语言的先天能力是如何与环境互动从而得到发展的，也难以解释不同的人在语言学习中的显著差异。

**诺姆·乔姆斯基（1928—　）**

　　诺姆·乔姆斯基是美国著名语言学家、哲学家、认知学家，被称为"现代语言学之父"。他的语言学著作对心理学在 20 世纪的发展方向产生了重大影响。

　　乔姆斯基对行为主义理论进行强烈抨击，认为将动物研究中的行为原则应用到人类身上是毫无意义的，要想理解人类的复杂行为，就必须关注大脑中无法观测的过程。这导致了 20 世纪 50 年代到 70 年代美国心理学界的认知革命，使认知流派逐步兴起。直至今日，乔姆斯基的理论依然对理解儿童如何习得语言有着深远意义。

◆　**交互作用论**

　　交互作用论认为，尽管婴儿有掌握语言的先天潜力，但婴儿与环境的互动起着至关重要的作用。基因和有助于语言发展的环境共同作用，造就了语言的发展。

🔍 研究

**尼加拉瓜手语**

　　1980 年之前，尼加拉瓜没有聋哑人组织，聋哑人一般都各自待在家里，用简单手势与家人交流。后来，聋哑儿童学校陆续成立，孩子们在没有任何指导的情况下，在交流中创造了自己的手势语。这套手语具有成熟的词汇和语法。

　　尼加拉瓜手语的诞生和发展过程为研究新语言的诞生提供了独一无二的

机会，很好地体现了人类先天的语言能力是如何在"真空"中得到创造性激发的。

## 四、语言与思维的关系

### 1 负责语言加工的脑区

大脑皮质中负责加工语言的两个主要区域，分别是布洛卡区和威尔尼克区，都位于左侧皮质[1]。

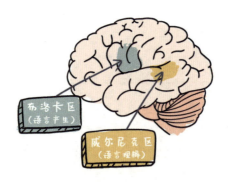

◆ **布洛卡区：主要负责语言的产生**

法国医生保罗·布洛卡发现，左侧额叶的某一区域损伤后，病人虽然还能听懂别人说话，但自己无法用完整的句子来表达，只能吃力地说出单一的音节或简单的词语，比如："我，啊，昨天，公园，呃，一只，狗，嗯，跑。"

---

[1] 右利手和大部分左利手的语言中枢都位于左侧皮质，只有极少数左利手的语言中枢位于右侧皮质（左/右利手指惯用左/右手的人）。

◆ **威尔尼克区：主要负责语言的理解**

德国学者卡尔·威尔尼克发现，左侧颞叶的某一区域损伤后，病人不能理解口语和书面语言的意义，并且会说出符合语法规则但没有任何意义的句子，比如："我对门有充分的理解，感觉非常好，我想明天可以打扫衣服。"

### 提示

虽然大多数人的语言中枢都在左半球，但研究表明，大脑右半球也参与了语言加工过程。正如第三章所说，两个半脑虽然各有专长，但共同参与大多数任务。

## 2 语言对思维的影响

语言能力和思维能力是不同的认知能力，有人在其中一方面有天赋，在另一方面却表现平平。不过，这两种认知能力也存在密切联系。

语言不仅为人们产生的思维赋予名称，也影响着思考的方式与内容。对于儿童而言，思维是与他们的词汇量共同发展的，对语言体系中不存在的概念，我们很难运用思维去考虑。

> 扩展语言就是扩展思维能力。……如果没有语言，对某些抽象观点进行思考或形成概念会非常困难！……增强词汇能力会使人受益匪浅。这就是为什么大多数的教科书（也包括这本书在内）都要介绍新词汇，其目的就在于传授新的思想观念和新的思维方法。
>
> ——戴维·迈尔斯，《心理学导论》

在世界范围内，我们可以看到使用不同语言带来的思维差异。比如，在颜色的识别方面，俄语中对深浅不同的蓝色有两种不同名称，而英语中则不做区分，因此，一个俄罗斯人通常可以比一个美国人更好地认识到并记住两种蓝色的差异。

### 3 双语的影响

"双语者"是熟练掌握两种语言，并且对它们的使用频率几乎相当的人。他们在使用不同语言时，思维方式和行为模式可能截然不同。例如，一些中英双语者在用英语做自我描述时，会表达很多积极的内容；而用中文做自我描述时，则会表达出更多符合中国价值观的批判性内容。

使用不同语言时，思维方式会有所不同

研究发现，双语既有优势也有劣势：

▷ **优势：** 由于双语者在日常生活中经常需要抑制另一种无关语言，使认知控制能力得到了锻炼，甚至有助于延缓与年龄相关的认知衰退；双语者对两种语言代表的不同文化背景也有更深入的理解。

▷ **劣势：** 由于存在一定程度上的跨语言干扰，双语者的语言加工和语言流畅性往往弱于单语者；双语者在每门语言上使用的词汇量较少，在高层次的语言（如学术语言）能力发展上相对缓慢。

书籍推荐

## 《语言本能》

作者史蒂芬·平克是世界级的语言学家及认知神经科学家。在本书中，他以广博深厚的语言学、心理学和生物学知识为基础，论证"语言是人类与生俱来的一种生物属性"。作者深入浅出地剖析语言的机制、比较、演化、习得等问题，以语言为切入口，探索人类心智的奥秘。值得一提的是，平克自己作为一位杰出的语言学家，其著作的语言风趣幽默，引人入胜。

作者 ▶
【加】史蒂芬·平克
（Steven Pinker）

出版社 ▶
浙江人民出版社

## 🔆 回顾与思考

　　在这一章里，我们首先学习了人类语言的基本类型和构成要素，明确了心理学为什么要研究语言；接下来，我们了解到在交流中说话者和倾听者分别需要完成哪些任务，才能顺利沟通；我们重温了从出生开始走过的语言学习之路，也明白了为何幼小的孩子如此擅长学习语言；最后，我们对于语言的神经机制有了初步的认识，并探究了语言对思维的影响。

> **请结合本章的内容，思考如下问题：**
>
> ❓ 在生活中，语言对你具有怎样的意义？为了流畅地运用语言，你还需要加强哪方面的能力？
>
> ❓ 你是否学习了一门外语？在学习过程中遇到了哪些困难？本章中关于语言发展的知识可以怎样帮助你更好地学习语言？

# 第十章

# 动机：
# 内驱力从哪里来？

"硅谷钢铁侠"埃隆·马斯克的母亲梅耶·马斯克在自传中讲述了自己传奇的一生。

年轻时遭遇家暴，离婚，在没有任何存款的情况下，带着三个孩子生活，在困境中从未停止学习与工作，一点点建立自己的事业；孩子们成家立业后，进入老年的她不仅没有休息，还抓紧时间"狂奔"：写作、出书、重返超模 T 台……看了她的经历，我们除了佩服，还会好奇：她为什么有这么强大的驱动力去面对挑战、重塑自我？

事实上，人类的有些行为好像是不由自主的，而有些行为则是纠结和权衡的结果，各种行为背后都有复杂的驱动力量，也就是"动机"。那么，我们有哪些不同的动机？这些动机是如何形成的呢？

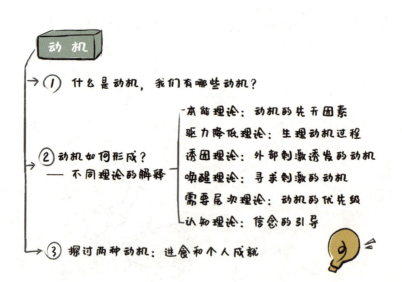

动机

① 什么是动机，我们有哪些动机？

② 动机如何形成？
—— 不同理论的解释

- 本能理论：动机的先天因素
- 驱力降低理论：生理动机过程
- 诱因理论：外部刺激诱发的动机
- 唤醒理论：寻求刺激的动机
- 需要层次理论：动机的优先级
- 认知理论：信念的引导

③ 探讨两种动机：进食和个人成就

## 一、什么是动机，我们有哪些动机

 **什么是动机**

对于生活中司空见惯的事情，我们一般不会去探究其背后的原因；对于看上去特殊的事情，我们则往往会好奇"为什么"。**行为背后的驱动力，就是"动机"。**

动机往往涉及这样一个过程：

从这个过程中可以看到，需要是动机的基础，目标则引导了行为的方向。例如，饿了去吃饭，或者为了通过考试秉烛夜读，都是动机作用过程的体现。

💡**提示**

动机（motivation）和情绪（emotion）共享一个"to move（mot）"的词根，都与"变动"相关。在动机发生作用的过程中，情绪能够增强内驱力的信号，更有力地激发行动。情绪是我们下一章将要探讨的内容。

 **我们有哪些动机**

人类行为背后的动机往往很复杂。在研究动机时，一般根据性

质，把它分为生理性和社会性两大类：

> **生理性动机：** 以生理因素为基础的行为驱动力。如饥饿、口渴、疼痛和性欲等动机，会驱动进食、饮水、躲避疼痛和性交等行为。
> **社会性动机：** 以心理因素为基础的行为驱动力。如兴趣、权力、成就感和归属感等动机，会推动人们的种种行为，包括从事某项活动、努力学习和工作、追求财富或地位以及参与社会活动等。

## 二、动机如何形成？——不同理论的解释

哪些因素在动机的形成中起主要作用？不同的理论陆续提出了不同角度的解释。接下来介绍六个相关理论的观点，以及它们的适用性评价。透过不同视角，我们会发现，即使是最基本的动机，也是多种因素以复杂方式联合作用的结果。

## 1 本能理论：动机的先天因素

◆ **主要观点**

本能是不需要经过训练和思考就能执行行为的能力，是由遗传得到的行为模式。

人类与其他动物一样，天然地具有觅食的动机和寻求爱抚的动机，这些动机支配了我们婴儿期的大多数行为，例如在饥饿时哇哇大哭。"本能"使行为自然地指向与生存和繁衍相关的目标。

◆ **理论适用性**

约一百年前，有研究者调查了几百本社会科学著作，罗列出了近 6 000 种"本能"。"本能"的确能够解释由基因设定的一些典型行为，但这个词在大量领域的广泛使用，反映出用它来解释人类各种行为过于简单粗暴的缺点，而且也导致了循环论证，例如：人类做出攻击行为是因为具有攻击本能，而"人类具有攻击本能"的结论又是通过观察攻击行为得出的。现在科学家一般用"固定行为模式"这个术语来形容生物的先天行为。

## 2 驱力降低理论：生理动机过程

◆ **主要观点**

当身体内部由于不平衡而产生某种生理需要时，会发出信号来调整行动，这种信号就是**驱力**，它能促使生物体去获取能量、满足需要并降低驱力。例如，身体缺水时，口渴的感觉驱使人去喝水，从而恢复体内水分含量的平衡。

#### ◆ 理论适用性

驱力降低理论强调身体内部状态对行动的发起，能够解释一些具有强大生理基础的行为，但很难解释人类的复杂行为。例如：孩子为什么有时忍着饥饿继续玩耍？有些人为什么对跳伞、攀岩这种增加内在紧张感的极限运动乐此不疲？为此，我们需要了解动机的其他相关机制。

### 3 诱因理论：外部刺激诱发的动机

即使已经因为饥饿而需要进食，但人们面对不同的刺激物（如馅饼和生萝卜）时，所产生的进食驱力也不一样。这是由于不同的诱因对欲望的刺激不一样。

#### ◆ 主要观点

诱因，与内部的驱力相对，是指来自外部的刺激和奖惩[①]。诱因动机大多经学习而建立。我们预先学习了吃垃圾食品的"快乐"，受其诱导，因此在饱腹时会继续进食。权力、名誉和地位带来的好处也能够激发一些人奋斗的欲望。在很多情况下，内在需要的推动和外在诱因的拉动，共同产生了动机。

———————————

① 刺激和反应之间的联系，参见第六章。

诱因与驱力是分不开的，诱因是由外在目标激发的，只有当它变成个体的内在需要时，才能推动个体的行为，并具有持久的推动力。

——彭聃龄，《普通心理学》

◆ **理论适用性**

诱因理论能够较好地解释物质上瘾的情况，但是诱因本身很难解释复杂的心理现象，需要与其他机制结合才能发挥作用。

**4 唤醒理论：寻求刺激的动机**

"唤醒"是身体和神经系统被激活的状态。人类具有好奇心，有玩耍、探索及寻求刺激的动机。唤醒理论关注不同个体寻求刺激倾向的差别，以及唤醒程度和任务表现的关系。

◆ **主要观点**

人们并非想消除唤醒，而是寻求对自己最佳的刺激水平。偏好安静的人和偏好刺激的人所需要的唤醒水平不同，后者被称为"刺激寻求者"，他们喜欢蹦极、潜水之类的运动。一项对 6~25 个月大的孩子进行的测试发现，他们对不同刺激强度的玩具已经体现出明显不同的倾向。

研究发现，唤醒与表现之间呈倒 U 曲线，即人们在某个最佳唤醒水平下表现最好，唤醒过高或者过低都不利于发挥。对大部分人来说，适中程度的紧张感最利于完成任务：一点压力都没有可能导致不够专注，而过于焦虑也影响发挥。

任务难度不同，相应的最佳唤醒水平也不同，困难任务需要较低的唤醒水平才有最佳表现。例如，跑步比赛中竞争氛围引起的紧张状态有利于比赛中的表现，而高尔夫比赛的选手更需要保持平静才能发挥出色。

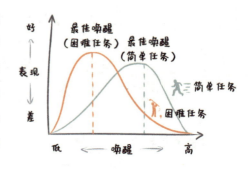

◆ **理论适用性**

　　唤醒理论能帮助我们理解一些非生理需要行为的动机，但是无法解释具体行为的决定过程，也就是个体被唤醒后为什么有某个特定的行为而不是其他行为。

---

[5] 需要层次理论：动机的优先级

---

　　需要是动机的基础，动机总是指向对需要的满足。但人的需要多种多样，当同时存在多种动机，甚至各种动机互相冲突时，应如何选择？美国心理学家亚伯拉罕·马斯洛的"需要层次理论"对此做出了回答。

◆ **主要观点**

　　人的需要可以分为五个层次，由低到高分别为：生理、安全、归属和爱、尊重、自我实现。较低层次的需要是人与动物共享的，是生理性的、先天的；而较高层次的需要是人特有的，是社会性的、后天的。**需要的层级越低，力量越强。**当低层次的需要被满足后，个体才会体验高层次的需要。由低到高的需要层次代表了人格发展的内在动力，因此它也是解释人格发展的重要理论。

马斯洛需要层次理论

追求并实现自己最
充分、最独特的潜能

相信自己的价值，
并获得他人的认可与尊重

和他人建立联系，爱与被爱

要求安全、稳定，免于威胁

如饮食、睡眠等基本的
生存需要

◆ **理论适用性**

马斯洛的理论较为全面地囊括了人类的各种需要，一般情况下，我们确实优先满足更为基本的需要，再追求高层次的尊重与自我实现。这在下面这个研究中得到了佐证。

## 研究

### 需要的优先级

根据马斯洛的理论，相对于生理和安全等基本需要，自主权是一种更高层次的需要。自主权指自己做决定的自由。

一项对 50 多个贫困国家的几万人的调查发现，当基本需要得到满足时，高自主权使人们的生活满意度更高；而当基本需要没有得到满足时，自主权高低并不影响人们的生活满意度。

然而，需要的优先顺序并非一成不变，这一理论无法解释很多"例外"：有人冒着生命危险从事极限运动，有人沉浸于艺术创造而忍饥挨饿。后来的学者对马斯洛的需要层次理论进行修正，强调需要层次会受到不同因素影响，具有"可流动性"。例如，距离更近的刺激更容易引起动机；对处于不同生命周期的人而言，主导动机也不同。

面对相似的外部诱因，人的行为可能千差万别，这体现了"认知"在行为驱动中的作用。

◆ **主要观点：**

我们对目标的期望、对奖赏价值的评价，以及对结果的归因方法等，都是主观的信念，不同信念激发不同程度甚至不同方向的行为。

▷ **期望与价值产生动机：** 当我们认为一个目标达成的可能性（期望）越高，且该目标对我们的价值越大时，我们采取行动的动机就越强。

▷ **归因方式影响动机：** 期望是根据经验建立的，受到**归因方式**的影响。"归因"是指我们对某个结果的产生原因的解释，包括多个方面：是内部原因还是外部原因？是可控因素还是不可控因素？是稳定的因素还是不稳定的、可变的因素？对成功和失败的归因方式

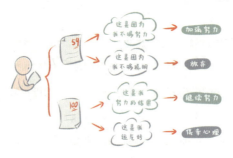

极大地影响着一个人的动机和行为[①]。

◆ **理论适用性**

认知理论引入了人的思想和理性的主观作用，不考虑认知因素就很难完整地理解人的动机形成。"期望—价值"理论和归因理论都有助于解释成就动机。

从上面六种动机理论可以看到，动机由多种因素决定，不同的动机因素（生物、行为/学习和认知）相互作用，产生行为。即使是"进食"这样看似简单的动机，也受到生理、文化、学习和社会因素的影响。

## 三、探讨两种动机：进食和个人成就

进食和个人成就，分别代表着生理性动机和社会性动机。我们结合上面介绍的理论来分析这两种动机。

**1 进食动机**

根据需要层次理论，进食是最基本的生理需要，位于"需要金字塔"的底端。驱力降低理论告诉我们，当身体需要补充能量时，会发出信号驱使人们进食。诱因理论则指出，外部刺激也会诱发进食行为。

◆ **进食的内部生理因素**

饥饿能够驱使人进食。食欲产生的确切机制还未完全破解，但科学家已经有了一些重要发现。

---

① 本书第十六章对归因会有更具体的介绍。

### ▷ 胃的饥饿信号

早期的生理学家认为，空的胃会引起饥饿的感觉。他们在实验中吞下了气囊以监测胃的收缩，并报告饥饿的感觉，结果发现饥饿感与胃收缩的情况一致。但是，做过全胃切除术的患者还是能感觉到饥饿，这说明食欲的产生还有其他原因。

### ▷ 体内化学物质信号

血液中的葡萄糖（血糖）是能量的主要来源。当血糖降低到一定水平时，体内一种特定的细胞会检测到血糖水平失衡，并激发饥饿感。但是，如果胰岛素分泌不足，血糖就不能被吸收利用而随尿液排出，这样也会产生饥饿感（这是糖尿病的症状）。

人体内会分泌一种名为"饥饿素"的激素，通过血液循环将信号发送给大脑，使人食欲增强。而脂肪细胞分泌一种称为"瘦素"的化学物质，用于通知大脑已经摄入足够能量，可以停止饥饿感。

### ▷ 脑与食欲

脑会接收到上述信号并加以整合。在脑结构中，下丘脑对很多动机行为的控制非常关键。下丘脑的"饥饿中枢"和"饱食中枢"会分别分泌刺激和抑制食欲的激素，前者促进进食，后者则抑制进食。

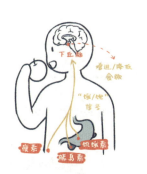

### ◆ 进食的环境与心理因素

进食动机不完全由体内平衡机制控制，环境和心理因素也有很大影响。

### ▷ 食物相关线索

即使身体没有需要，美味的食物也能刺激进食。从进化角度来看，这是由于远古时期食物资源不稳定，人类的先祖需要在发现食物线索时尽量储存能量。但在食物供应充足的现代社会，这种"尽量多吃"的本能会导致人们经常摄入超出自身所需的食物，使得肥胖问题日益严重。

当面对种类丰富的食物时，人们进食的量会多于单一食物，因为多样化的食物可以带来更多的愉悦感，而单一食物会更快导致饱腹感。

▷ 习得的模式

一日三餐的惯例让我们一到饭点就想吃饭，不管身体此时是否需要能量，这正体现了条件作用的结果。文化因素也通过条件作用影响饮食，例如，有些地区奉为美食的食物，对于另外一些地区的人来说无法下咽。

▷ 记忆的影响

我们的记忆中留存了进食时间、进食量和食物的刺激等信息，这些相关记忆会调节进食的行为。实验人员每隔30分钟向遗忘症患者提供一次食物，他们很可能会接受第二次和第三次提供的食物；而控制组的非遗忘症被试则会拒绝第二次和第三次提供的食物。

下面这个有趣的实验也显示了"当你认为自己没吃多少时，就不容易感觉饱"。

🏺实验

**记忆对进食量的影响**

两组被试，每人都喝一大碗番茄汤。对于第一组被试，每当碗里只剩下 1/4 的汤时，就会有一位侍者将汤加满；对于第二组被试，会有一个管子在被试看不到的地方慢慢向碗里灌汤，使汤总是不知不觉地被加满。

结果发现，第二组被试喝的汤比第一组多出了 73%！而两组被试报告的饱腹感并没有差别。当被试没有意识到自己喝了多少汤时，他们很难认为自己饱了。

## 2 个人成就动机

获得成就同样是人的一种需要，在需要层次理论中属于较高层次的"尊重需要"。对成就动机的研究与认知理论密切相关，主要从期望、归因等认知视角展开；而外部奖赏也是不可忽视的诱因，内外在动机之间的关系对成就动机有重要影响。

### ◆ 成就需要的差异

虽然成就在大多数人看来都是个好东西，但是人们对它的需求程度并不相同。成就动机高的人，在面对问题和挑战时更为自信和坚韧，更愿意做出决策，并且更喜欢从事竞争性或者开创性工作。

心理学家可以通过"主题统觉测验"来衡量这种差异。让被试看一张具有想象空间的图片，并据此讲述一个故事，故事会投射出他无意识的成就需要。例如，对于一张夜间伏案工作的图片，不同成就需要的人讲述的故事会体现出明显差异。

高成就需要者讲的故事：

· 他在设计图纸，准备参与一个竞标
· 针对设计中的问题，他在专注地思考解决方案

低成就需要者讲的故事：

· 他工作到很晚还在加班，担心妻子抱怨
· 他很难兼顾工作和家庭，想尽快完成任务回家

◆ **成就动机的形成：认知视角**

成就需要是成就动机的基础，但不是唯一决定因素。对成就的期望、成功带来的价值以及归因方式都对成就动机的形成有重要作用。

例如，高成就动机者对于成功的归因方式是"取决于自身的、能稳定地发挥作用的因素（例如个人的能力和努力）"，因此有良好的自我评价和对未来的预期；而对于失败的归因方式是"外部因素造成的、并非一成不变的"，因此不为逆境所累，着眼于解决问题。

人在竞争时会产生两种心理倾向：追求成就的动机和回避失败的动机。成就动机高的人追求成功的倾向明显大于逃避失败的倾向，因此会采取行动、追求目标；而成就动机低的人则着眼于防止失败带来的伤害和烦恼。

儿童阶段的家庭教育与成就动机的形成和发展密切相关。为了培养成就动机，父母一方面要发展孩子的独立性，一方面也要及时给予孩子正面的反馈和奖励。

◆ **内在动机与外在动机的关系**

成就动机既可能受到内在动机驱动，也可能受到外在驱动影响。内在动机的驱动力更为持久；外在奖励的作用则比较复杂，有时甚至会削弱内在动机。

> 内在动机完美地解释了年幼孩子的学习行为，它似乎也与我们所有人的行为相关联，我们从事各种活动（如追求休闲生活），只是为了获得这些活动所产生的兴奋感、成就感和个人满足感。
>
> ——爱德华·L.德西、理查德·弗拉斯特，《内在动机》

# 实验

**外在动机对内在动机的影响**

把喜欢画画的孩子随机分为两组，第一组完成后得到了奖励，第二组则没有。过几天再让这两组孩子画画，但都没有奖励。结果第一组孩子明显不如第二组孩子积极。

这是因为得到奖励的孩子将画画的快乐归因于外部的奖励，失去了奖励后，画画这件事就变得不那么有吸引力了；而没有得到奖励的孩子则保持了他们的内在动机，一如既往地喜爱画画。这种强化外在动机后抑制内在动机的现象被称为"过度合理化"。

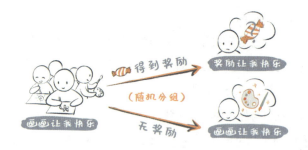

但是，外部奖赏并非总是会抑制内在动机。合理使用奖励，能够起到正面的作用：

▷ 当奖励与表现脱钩时（无论表现如何，都能获得奖励），会削弱内在动机；当对优秀表现给予奖励时，则能起到有效的激励作用。

▷ 当人们本来对一件事没有需求，或者缺乏技能时，适当的奖励能够吸引注意力或引发一定的兴趣。

书籍推荐

### 《内在动机》

美国心理学家爱德华·L.德西及其合作者提出的"自我决定论"是当代最有影响力的动机理论之一。通过长期研究，他们发现，只有满足以下三种最基本的心理需求，才能持续激发人们的内在动机：自主需要（控制自己的行为与目标）、胜任需要（掌握挑战性任务）和联结需要（在与他人的关系中获得归属感、亲密感与安全感）。本书还将自我决定论的研究运用于教育、企业管理和个人健康等领域，探讨如何实现自主及增强内在动机。

作者 ▶

【美】爱德华·L.德西（Edward L. Deci），
理查德·弗拉斯特（Richard Flaste）

出版社 ▶

机械工业出版社

## 💡回顾与思考

动机是行为背后的驱动力量。本章我们介绍了六个主要的动机理论：本能理论强调动机的先天因素；驱力降低理论描述了生理动机的过程；诱因理论研究外部刺激如何诱发动机；唤醒理论提出人们都寻求对自己最佳的刺激水平；需要层次理论将人类不同的需要进行优先级排序；认知理论强调主观想法在动机形成中的作用。结合这些理论，我们具体分析了两种有代表性的动机：进食和个人成就。

**请结合本章的内容，思考如下问题：**

❓ 回顾你近日所做的一些行为，你是否了解有哪些力量在驱使你的这些行动？

❓ 你身边是否有成就动机很高的人（或者是你自己）？他的高成就需要和成就动机体现在哪些方面？

# 第十一章

# 情绪：
# 为什么你会"心不由己"？

科学家曾经对一位"最大胆的女士"展开研究：她对毒蛇、蝎子无所畏惧，敢直接抓着玩儿；对万圣节的"鬼屋"和"恶魔"游戏乐此不疲；对恐怖电影中最恐怖的片段也看得津津有味。原来，她患有一种罕见的基因疾病，脑中一对叫"杏仁核"的组织因病变而萎缩，从而感受不到恐惧这种情绪。

情绪是人类心理的重要组成部分，它是由什么构成的？又是如何产生的？我们怎样才能更好地调节自己的情绪？

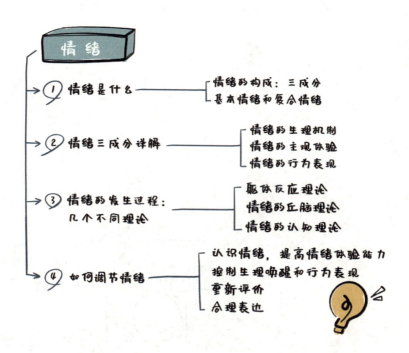

## 一、情绪是什么？

简单地说，情绪是我们所体验的喜怒哀乐的心理活动，是身心被某种刺激所激发的状态。为了深入了解情绪，我们首先来看看情绪的构成和分类。

**1 情绪的构成**

"我感到快乐"，在这个情绪活动中，你觉察到快乐的体验，身体不由得放松舒展，并且做出相应的行为（如一个微笑）。

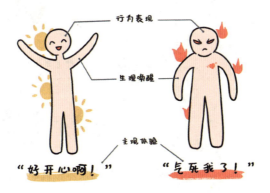

我们在自己和他人身上司空见惯的"情绪"，其实是复杂的躯体与精神变化模式，包含生理唤醒、主观体验和行为表现三个成分。

▷ **生理唤醒：**情绪产生的生理反应，例如，快乐时躯体放松舒展，而愤怒则伴随着心率的提升和肌肉的紧绷。

▷ **主观体验：**对不同情绪的主观感受、觉察和理解，例如高兴和生气，或者更为复杂的嫉妒和懊悔等。主观体验中既包括情感成分，又包括思维成分。

▷ **行为表现：**情绪对行为的影响，包括面部表情、声音和动作等。例如高兴时的微笑，愤怒时的横眉冷对，或者恐惧时的躲避。

**2 基本情绪和复合情绪**

我们体验到的情绪有时候很纯粹，比如快乐或者愤怒；有时候则五味杂陈，难以名状。

◆ **基本情绪**

基本情绪，指人们共有的、含有稳定的生理基础的情绪类别。许多文化和宗教中都有类似于"人有七情六欲"的观点，例如佛家的"七情"为喜、怒、忧、惧、爱、憎、欲。

现代心理学家基于实

验数据和统计方法归纳出的基本情绪类别大体相近，最主要的六种是：快乐、愤怒、悲伤、恐惧、惊奇、厌恶。

◆ **复合情绪**

两种以上的基本情绪组成复合情绪，它与社会文化关系密切。例如羞耻感，是悲伤、愤怒和厌恶等情绪的复合，是被社会规范所"教育"出来的：在个人主义文化中，羞耻感往往是由于个人能力被负面评价而引起的一种消极情绪；而在集体主义文化中，羞耻感则构成"道德底线"，积极促进该群体对道德规范的遵守。

美国心理学家罗伯特·普拉奇克提出"情绪轮盘"。他将八种基本情绪分成相互对立的四对：快乐—悲伤，信任—厌恶，恐惧—愤怒，期待—惊讶。几种不同情绪可以组合成复合情绪，例如，**快乐**和**期待**组合成**乐观**。

情绪轮盘

## 二、情绪三成分详解

**1 情绪的生理机制**

情绪的产生在生理方面涉及中枢神经系统、自主神经系统以及相关的内分泌系统。

◆ **中枢神经系统：情绪的快通路与慢通路**

脑的边缘系统和大脑皮质都参与情绪过程。

▷ **杏仁核与情绪快通路**

大脑皮质内侧包裹着一个细长迂回的神经结构，被称为"边缘系统"，是我们的情感、奖赏和记忆中枢。边缘系统的主要结构包括杏仁核、下丘脑和海马体，其中杏仁核对恐惧情绪的习得有关键作用，被视为大脑的"情感中心"。

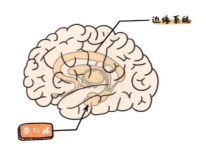

杏仁核能够迅速感知危险，在大脑还没意识到发生了什么时就快速做出反应。例如，当你看见一条蛇，这一视觉信息由丘脑传到杏仁核后，就会迅速启动生理唤醒和激素反应，使你汗毛直立、拔腿就跑。这个过程是情绪的"快通路"。

### ▷ 大脑皮质与情绪慢通路

情绪的主观体验、复杂情绪的产生，以及抑制情绪相关的反射行为，都需要大脑皮质有意识地参与。视觉信息由丘脑传到大脑皮质，大脑皮质处理之后再向杏仁核发送信息，这个过程是情绪的"慢通路"。

延续上面的例子。当你看到一条蛇，杏仁核的恐惧通路被瞬间激活，如果大脑皮质评估后确认是真的蛇，会让杏仁核保持恐惧状态；如果意识到只是玩具蛇，就会抑制杏仁核产生的恐惧情绪和逃跑反应。

研究发现，在快通路中，信息不需到达大脑皮质，而是"走捷径"，由杏仁核迅速启动反应；在慢通路中，信息先到达大脑皮质，经处理后再指导进一步的反应。因此，有时你能对情绪进行控制，有时却会觉得"道理都明白，就是控制不住当时的情绪"。

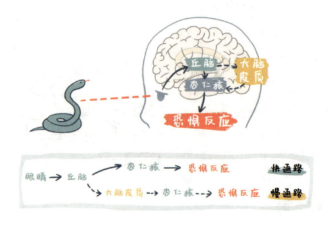

◆ **自主神经系统：生理唤醒**

情绪强烈时，会有心跳加速、呼吸急促和肌肉紧张等感觉。这些生理变化是由自主神经系统支配的，能够被觉察到，但是很难被个人意志控制。自主神经系统调控内脏、血管和腺体的活动，并且影响相关激素的分泌。

**❓ 你知道吗**

### 测谎仪的结果准确吗？

测谎仪的工作原理是，通过测量心跳、血压、呼吸和出汗等生理变化，来判断被测者的生理唤醒水平，从而辨别其是否在撒谎。但是，生理唤醒不等同于撒谎，因为无辜者在面对测谎仪时也可能因紧张而产生生理唤醒。

调查和实验表明，如果仅根据测谎仪的结果来判断，那么平均会有 20% 的无辜者被冤枉，另外还有一部分人撒谎时没有产生生理唤醒，无法被检测出来。

**2 情绪的主观体验**

情绪是一种个人化的体验，这种体验包含不同的维度，同时与认知的关系很密切。

◆ **用"维度"描述情绪**

我们可以从两个维度描述一种情绪：效价和唤醒度，据此得到一个二维的情绪体验图：

▷ **效价：** 情绪是积极的（正效价）还是消极的（负效价），强调情绪的认知与社会意义。

▷ **唤醒度：** 情绪相关的生理与心理反应水平。高唤醒度的情绪更为激昂，如兴奋或惊奇；而低唤醒度的情绪则更为低沉，如困乏或厌烦。

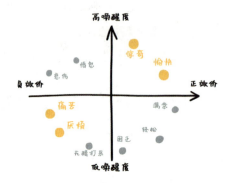

例如，惊奇和愉快是正效价、高唤醒度的情绪，位于右上象限；而痛苦和厌烦是负效价、低唤醒度的情绪，处于左下象限。"惊奇"相较于"愉快"有更高的唤醒度，而效价稍低，因而位于"愉快"的左上方。

心理学家还从其他不同角度提出了更为复杂的情绪多维理论，以便更准确地测量和研究情绪。

◆ **情绪与认知的关系**

有一些单纯的情绪不涉及复杂的认知过程，比如婴儿的情绪。但大部分情绪都与高级认知有关，情绪和认知都是基本的心理过程，两者紧密结合，互相影响。

▷ **情绪对认知加工过程的介入**：情绪会影响知觉、注意力、学习、记忆和决策等过程。例如，当前的情绪会帮助我们回忆起类似情绪的其他事件，这被称为"情绪依赖性记忆"。处于不良情绪时，人们往往会选择性地注意负面信息，或者做出较为悲观的判断；而积极的情绪有助于人们提高思维的质量。

▷ **认知对情绪的调节**：我们对一件事的认知评价可能会影响甚

至决定情绪体验。认知评价的结果会延续或者抑制情绪的状态。例如，面对别人的冒犯，你认为他是有意的还是无心的，会导致你截然不同的情绪反应。

### 3 情绪的行为表现

"表情"是情绪的外显特征，当一个人处于情绪之中，即使有意克制也很难完全不流露出来。情绪引发的行为表现包括面部表情、声音表情和姿势表情等。其中，**面部表情**在情绪的表达和识别方面尤为重要，人们对它的研究也比较充分。

人的面部约有 22 对肌肉，可以实现非常丰富的表情变化。基本情绪的表情在不同的文化群体中高度一致，不管是在发达地区还是在原始部落。先天的盲童没有机会看到别人的表情，但他们所表现出来的表情与我们一样。

通过表情，人们可以迅速、准确地辨认出他人的基本情绪，不管对方是否与自己处于同一文化环境中。这些研究都说明，人类的情绪表达能力是与生俱来的。当然，在不同的文化中，情绪的表达规则存在差异，例如亚洲文化让人更倾向于掩饰消极情绪。

### 研究

#### 真笑与假笑

美国心理学家保罗·艾克曼研究发现，真笑和假笑的区别在于是否有鱼尾纹。发自内心的愉悦会牵动眼周的轮匝肌，这是人们无法控制的，因此真笑时眼角会出现

假笑时，嘴扁上扬，但眼轮匝肌没有活动

真笑时，眼轮匝肌收缩，眼角出现褶皱

褶皱。假笑时我们能控制颧大肌使嘴角上扬，却无法让眼轮匝肌活动。

面部表情不仅是情绪的表达，还有可能引发相应的情绪感受。"面部反馈假设"理论认为，面部肌肉活动时，会向大脑发送信号，帮助我们辨认与体验情绪。因此，做出微笑的表情也许会让人心情变好。我们来看一个相关实验。

## 🧪实验

**情绪的面部反馈**

研究者让两组被试评价同一组卡通画的有趣程度。第一组被试用牙咬着铅笔，形成微笑的表情；第二组被试用嘴唇含着铅笔，形成皱眉的表情。结果发现，第一组被试觉得卡通画更有趣。这是因为被试的情绪体验受到了不同表情的影响。

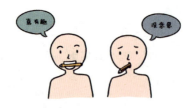

不仅是面部表情，声音和姿势也能向大脑提供反馈，从而影响情绪：声音微弱使情绪更为低落，姿势挺拔使情绪更为高昂，握拳时感觉更为自信。

## 三、情绪的发生过程

情绪的各个成分之间是什么关系？情绪的发生过程是什么样

的？常识性的看法是：外界刺激引发了情绪体验，导致生理唤醒。比如，看到一条蛇，我们意识到恐惧，从而紧张、冒汗并逃跑。

一百多年来，心理学家们对此有不同看法，我们来看其中主要的三个理论：

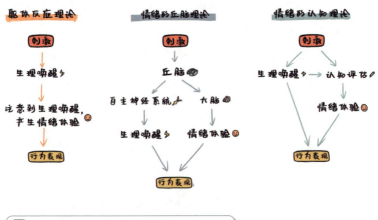

## 1 躯体反应理论（詹姆斯-兰格理论）

美国心理学家威廉·詹姆斯和丹麦生理学家卡尔·兰格认为，情绪首先产生于生理唤醒，之后再被感知、解释为情绪体验。例如，我们看见蛇，产生了生理唤醒（紧张冒汗），由此才意识到自己的恐惧感受。也就是说，"情绪是对身体状态的感觉"。

这个理论首先提出了情绪与身体变化的关系，对后续的情绪研究有很重要的启发作用。但它也存在无法解释的问题，例如：躯体反应往往慢于情绪的发生；而且有些不同的情绪带来的生理唤醒是一样的（例如愤怒和恐惧时都会心跳加速），该如何区分？

## 2 情绪的丘脑理论（坎农－巴德理论）

针对上述问题，美国生理学家沃尔特·坎农和菲利普·巴德认为，生理唤醒和情绪体验是相互独立、同时发生的，没有因果关系。例如，当我们看到一条蛇时，视觉信息使**丘脑**激活，丘脑将信号分两路传递，一路传达到自主神经系统，引发生理唤醒；一路传达到大脑皮质，引发有意识的情绪体验。

这个理论强调丘脑在情绪中的重要作用，并得到了研究的证实。不过进一步的研究还发现其他皮质下结构（如下丘脑和边缘系统）也与情绪密不可分。

## 3 情绪的认知理论

前面两种理论主要关注生理反应。之后，一些心理学家注意到"认知解释"在情绪过程中的重要性。

当你感受到生理唤醒时，会从外部环境中探求生理唤醒的来源，找到解释，并产生最终的情绪体验。这个过程可能是无意识的自动化评估（在最基本或紧急的状态下），也可能是有意识的思考（在较为复杂的状态下）。

因此，情绪体验是生理唤醒和对外部环境刺激的认知评价相结合的结果。例如，你在看悲剧电影时流泪，会感知为悲伤；在得到重大好消息时流泪，会感知为喜极而泣。

在模棱两可的、复杂的或者新奇的情境中，大脑有可能对产生情绪的原因进行**错误的归因**。我们来看一个有关"爱情"的实验。

# 📐 实验

**吊桥实验：一"惊"钟情**

第一组实验在一座摇晃的吊桥上进行。实验人员——一位年轻美丽的女士，请路过的几十位男性被试做一份问卷，并且留下了自己的电话，如果被试想知道结果，可以给她打电话。第二组实验在一座结实的石桥上进行，除了桥不一样，其他实验条件都一样。

实验结果是，第一组被试事后给实验人员打电话的比例是第二组的四倍。这是因为，他们将在吊桥上由于恐惧产生的生理唤醒，归因为对实验人员的好感。

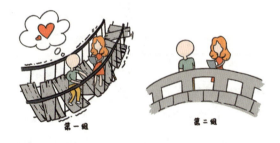

第一组　　　　　　　第二组

## 四、如何调节情绪

情绪的自我调节对于心理健康非常关键。在充满压力的现代生活中，最常见的心理障碍——抑郁症和焦虑症，都与情绪有关。

我们有时候觉察到了自己的情绪，也知道需要控制，却"心不由己"。如何对情绪的体验和相应行为进行主动调节管理呢？

我们的情绪常常是作为一种既成事实发生在我们身上的。理性心理通常可以控制的是情绪反应的过程。

——丹尼尔·戈尔曼,《情商》

调节情绪的方法主要包括以下四个方面:

### 1 认识情绪,提高情绪体验能力

认识情绪是有效管理情绪的第一步。

美国心理学家莉莎·费德曼·巴瑞特提出**"情绪粒度"**的概念,用以形容区分和识别情绪感受的能力。情绪粒度越高,对情绪的体验和描述越精准细致。例如,当你感觉开心时,如果你的情绪词汇里有"满意、喜悦、欢欣、感激、心旷神怡、怡然自得"等一系列描述快乐感觉的词语,那么大脑在应对环境与调节情绪时就更为灵活。

研究发现,仅仅用言语描述自己的情绪,就能有效降低情绪状态的强度,原因可能是描述情绪的过程中激活了负责理性思维的大脑皮质,抑制了非理性的情绪。

## 2 控制生理唤醒和行为表现

虽然生理唤醒和相应的行为反应很难在第一时间被意志所控制，但由于身心紧密相连，对身体和行为的关注与有意识地控制，能够直接影响情绪的后续发展。

例如，对于愤怒情绪，放松训练是调节生理唤醒、平复心情的有效手段，具体方式包括腹式呼吸、肌肉放松等。又如，我们在上一部分提到，面部、声音和姿势能够为大脑提供反馈信息，我们可以有意识地利用这种反馈来调整情绪。

## 3 重新评价

我们对外部环境和事件的看法是产生情绪的重要原因。改变自己的思考方式，积极地去重新理解导致负面情绪的事件，是调控情绪的有效认知手段。

> 想要轻松地控制自己的情绪，重要的就是培养事后分析和理解每段情绪经历的来龙去脉的能力。这必须在心平气和时进行分析，在我们不再为自己的行为辩护时进行。
>
> ——保罗·艾克曼，《情绪的解析》

## 4 合理表达

即使是消极的情绪，也有其存在的意义，如愤怒能让你清楚地认识自己的需求，并且通过表情和言语让他人理解。

对于愤怒和焦虑等情绪，我们需要关注它们的"合理表达"。一方面，抑制表达对心理健康不利，因为会对有限的心理能量造成损耗，同时也无法削弱内心的感受。另一方面，不加克制地发泄也不能解决情绪问题。愤怒时攻击别人或者破坏物品（例如摔东西），可能会导致以后在类似情形下产生更大的情绪反应。更为合理的选择是当怒火有所消退后，与相关的人交流并表达感受。

适当控制自己情绪，并理解别人情绪意义的能力，称为"情绪智力"，它包括感知、运用、理解和管理情绪的能力。"情商"表示情绪智力的高低，现在常常也被当作情绪智力的通称。

从情商所包含的内容可以看出，它不仅包括上面所介绍的对自身情绪的有效调节，还包括运用情绪解决问题，比如管理他人、处理社交关系和亲密关系等。

### 🔗 知识链接

情绪与应激：应激是人们面对威胁或挑战时的反应和评价过程，可以简单理解为一种"应对压力"的状态。在应激状态下，人们会产生紧张的情绪体验；长期、持续的应激会给身心带来极大负担，如情绪低落、心力交瘁会引发相关疾病。第十九章《应激反应：如何认识与面对压力？》将详细介绍应激的相关概念，以及应如何应对压力、保持身心健康。

**《情绪的解析》**

本书作者艾克曼是美国著名心理学家和面部表情研究专家，他在这本书中系统地梳理了长期以来对情绪进行跨文化研究的成果，分析情绪的诱因、如何改变这些因素以及情绪反应的形成过程。本书还结合大量的面部表情图片，详细解释了悲伤、愤怒、惊讶和愉悦等基本情绪的诱因和表现，并提供了表情解读的大量技巧。

作者 ▶
【美】保罗·艾克曼（Paul Ekman）
出版社 ▶
南海出版公司

## ⚲回顾与思考

　　情绪是我们的身心被某种刺激所"激发"的状态，它包括生理唤醒、主观体验和行为表现三个成分。关于情绪的发生过程，我们介绍了三个主要的理论：躯体反应理论认为，情绪首先产生于生理唤醒，之后再被解释为情绪体验；情绪的丘脑理论认为，生理唤醒和情绪体验是相互独立、同时发生的；认知理论指出"认知解释"在情绪过程中的重要性。通过这些分析，我们可以掌握一些调节情绪的有效方法。

> **请结合本章的内容，思考如下问题：**
>
> ❓ 回忆你最近的一次"情绪事件"，分析一下其中包含的生理唤醒、主观体验和行为表现。你当时是否对其进行了分析思考，这些思考对情绪是否有调节作用？
>
> ❓ 你身边是否有情商很高的人，具体表现在哪些方面？

# 第十二章

# 智力：
# "聪明"真的可以测量吗？

大家可能听说过"门萨俱乐部"，它是历史最悠久的"高智商社团"，俱乐部成员是人群中最聪明的 2%。能进入俱乐部的人，在标准化的智商测试中至少需要达到 130[①]。

　　那么到底什么是智商？"最聪明的 2%"如何判定？智商 130 是怎么测出来的？这要从"智力"的概念说起。我们将在本章探讨：智力是什么样的能力？如何测量？人与人的智力差异源自何处？

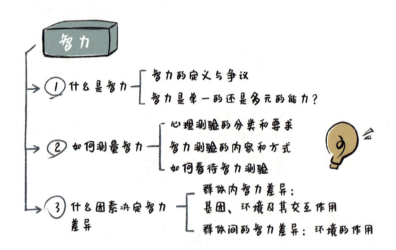

# 一、什么是智力

## 1 智力的定义与争议

我们一般将智力水平直观理解为"聪明"的程度。但在不同年代和不同地域，"聪明"的具体表现不一样，也就是说，关于"聪明"的标准随着时代与环境而变。

> 现代心理学家认为智力是宽泛意义上的一种"一般的心理能力"，包括思考、学习、解决问题和适应环境等方面的能力。

但也有不少研究者质疑是否存在"智力"这样的单一维度，可以概括人的总体能力水平。因为确实有些人似乎具有"通用能力"，各方面都很优秀；也确实有些人在某一方面具有超常能力，而在其他方面表现得很平庸，甚至很弱。要从复杂多变的行为模式中归纳出一种可以称为"智力"的普遍能力水平，非常具有挑战性。

同时，智力的定义与智力测量密不可分：对智力的不同定义会极大地影响测量智力的方法，而如何测量智力也限定了研究者所能触及的智力的具体内容。

先有鸡还是先有蛋？

先告诉我智力是什么，才能测量智力！

有了测量数据，才能分析智力到底是什么！

**2 智力是单一的还是多元的能力?**

到底有没有一种叫"智力"的东西，能概述一个人各方面的能力呢? 心理学家对此有不同看法。

◆ **智力的两大因素：g（一般能力）+s（特殊技能）**

英国心理学家查尔斯·斯皮尔曼通过"因素分析"的统计方法评估发现，人们在不同智力测验（如推理能力、阅读能力、知识和记忆等）中的成绩之间有高度的相关关系。因此，他认为存在一个"一般智力因素"（简称 g 因素），作为一切智力能力的核心，可以概括和预测一个人在不同方面的智力水平。

同时，每个人在具体的智力维度上有其特定的能力水平，这些维度与 g 因素高度相关但非决定性关系。它们被称为特殊智力因素（简称 s 因素）。

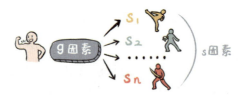

打个比方，g 因素就像武功内力，是认知能力的实力基础；而 s 因素就像各路功夫拳法，是在学习和塑造中得到强化的特殊方面。

◆ **流体智力与晶体智力**

美国心理学家雷蒙德·卡特尔发现，g 因素中还存在相对稳定独立的内部维度，他称之为流体智力与晶体智力。

| | | 具体能力 | 如何评估 | 作用 |
|---|---|---|---|---|
| 流体智力 | 动态 | 发现复杂关系，解决问题的能力 | 推理和空间视觉测试 | 处理突发状况和新的挑战 |
| 晶体智力 | 静态 | 获得知识的学习能力，已有的知识水平 | 词语测试和一般知识测试 | 利用经验处理日常问题 |

流体智力被认为与平时所说的智力概念最为相似，也与遗传和大脑的生理特征有更清晰的关联。反应速度、工作记忆等流体智力的成分在 20 岁上下达到巅峰，随后便随时间的推移而衰退。

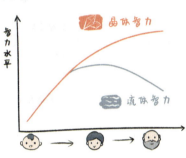

晶体智力则与后天的经验塑造更为相关，随着经验积累而不断增长。研究者有时用"智慧"这个词代指晶体智力。

◆ **智力三因素理论**

美国心理学家罗伯特·斯滕伯格提出，智力行为中包括三个要素，它们彼此关联，构成有机的整体。

▷ **分析性智力：**通过获取知识和加工信息，分析和解决问题。大多数智力测验与此最为相关。

▷ **创造性智力：**利用已有经验在新环境下进行整合和创造。

▷ **实践性智力：**用知识和经验处理日常生活问题，适应环境。

◆ **多元智力理论**

美国心理学家霍华德·加德纳认为，有八种相对独立的智力，每种智力的核心成分有其所对应的最适合职业，例如：

▷ 逻辑—数学方面的智力核心在于对数字或者逻辑的敏感性和推理能力，最突出地体现在科学家和数学家身上。

▷ 人际方面的智力核心在于辨别他人的情绪、需求和动机并做出适当反应，最突出地体现在心理治疗师和推销员身上。

不同的环境和文化背景会鼓励不同方面的智力优势。例如，西方社会更关注逻辑—数学和语言智力的发展；而在非西方社会，则重视的方面各有不同，如在重视艺术行为的巴厘岛，音乐方面的能力更为重要。

每个人智力的优劣组合模式不一样。"探照灯式"的人在各种智力间相对平衡，而"激光式"的人在一两种智力上表现卓越。

## 二、如何测量智力：智力测验

智力测验是一种心理测验。在了解心理测验的概念后，我们再介绍智力测验的具体内容和测试方式。

## 1 心理测验的分类和要求

人和人之间在能力、行为和个性特质上存在哪些差异？如何客观衡量这些差异？心理学家希望通过制定一套确定的测验程序来检测这些差异，这类测验程序称为**心理测验**。

◆ **心理测验的分类**

心理测验大致分为两类：心理能力测验和人格测验。心理能力测验又分为三类（其中包含了智力测验），三者高度相关，也有相当部分的重叠。

心理测验

心理能力测验

成就测验　测量已经积累掌握的知识与技能，如我们在学校参加的各科考试。

智力测验　测量一般心理能力，如抽象思维、解决问题和适应环境的能力等。

能力倾向测验　测量获得特定技能的潜力，如"音乐能力倾向测验""拼写能力倾向测验"。

人格测验　测量个体独特而稳定的思维、情感和行为模式。详见第十三章。

**智力测验**指的是设定一系列测验条目，按照预定的标准计分，得到受测者的分数，以反映他在所测方面的能力水平。

◆ **心理测验的基本要求：可靠并有效**

▷ **可靠：具有"信度"**

可靠性在心理测量的术语中被称为"信度"，指的是某个测验所得分数的一致程度，即测验的结果是否稳定，是否波动较小。就像一个体重秤，如果连测几次而每次显示的重量都不一样，那么信度就比较低。

▷ **有效：具有"效度"**

好的测验还必须是有效的，也就是说，其结果能反映想要考察的内容，从而达到测验目的。正如测身高要用身高尺，测体重要用体重秤，得到的结果才有效。如果想知道自己的身高，却用体重秤测量，哪怕体重秤非常稳定（信度很高），也不能有效测量。

**2 智力测验的内容和方式**

◆ **智力测验的开端与发展**

现代智力测验有一百多年的历史，发端于法国，之后很快在美国被借鉴和改进，并广泛使用。

比奈－西蒙智力测验 ➡ 斯坦福－比奈测验 ➡ 韦氏智力测验

▷ **比奈－西蒙智力测验**：1905 年，为了客观地甄别儿童学习潜力，向需要特殊帮助的孩子提供更有效的教育，法国心理学家阿尔弗雷德·比奈和其助手西奥多·西蒙编制了第一套现代意义上的智力测验。测验结果以**"心理年龄"**来区分受测者的智力水平：如果某一受测者能答对 7 岁年龄层的题目，却答错大部分 8 岁年龄层的题目，那么他的心理年龄便被认定为 7 岁。

▷ **斯坦福－比奈测验**：斯坦福大学的心理学家 L.M. 特曼对比奈－西蒙量表加以改进，将对象扩大至成年人，几经修订，沿用至今。特曼还借鉴了德国心理学家提出的**"智商"**（IQ）概念：心理年龄／生理年龄 ×100，并制定了世界上第一个智商分级系统。

▷ **韦氏智力测验：**美国心理学家大卫·韦克斯勒对智商测试进行了两个重要的创新：引入非言语的"操作测试"，以及采用新的智商计算方法。更新至第四版的韦氏智力测验是如今应用最为广泛的智力量表。

◆ **智商是什么：在同龄人中的"排行"**

在最初的斯坦福－比奈测验中，使用的智商概念是将心理年龄与生理年龄做对比。这个公式适用于儿童，但不适用于成人，因为成年后随着年龄的增长，智力变化将不再明显。

新的智商计算方法基于"智商呈现正态分布"的假设，大规模的测试结果确实也基本呈现出正态分布：同年龄人群的智商分值分布是一条钟形曲线，智商中等的占大多数，特别高和特别低的数量较少，而且占比相近。

在智力测验中得到原始分数后，根据统计模型的规则，将受测者的分数与同龄人相比较，通过换算得到智商数值。这个过程被称为"标准化"。智商数值为100，意味着在同龄人中处于平均水平；数值在70以下，被认为是智力迟滞；数值在130以上，则为天资卓越。

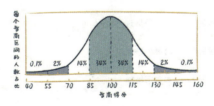

为了建立比较标准，测验编制者首先要找一个代表性样本进行预先测试，得到的分数用作以后的参照标准。代表性样本的测试结果称为**"常模"**，用于评价受测者的相对位置。

如何看待网络上的智商测试? 要充分考虑这些问题:

- 它们是否满足了最基本的信度和效度要求?

- 你得到的智商分数是相对于什么标准而言的?

- 参与者都是在标准环境下进行测验的吗?

◆ **智力测验的内容**

最初的比奈智力量表是一系列文字题目,受测者需要阅读并理解题目才可能答对。对于不同的语言或文化环境,哪怕量表经过专业翻译,其信度和效度也可能大打折扣。

韦氏智力测验新增了操作类测试项目,这部分测试不依赖于言语理解。受测者分别得到言语量表和操作量表的分数,相加后即得到全量表总分。下面列举了部分测验主题和内容:

| | 测验主题 | 所测功能 | 问题示例 |
|---|---|---|---|
| 言语测验 | 词汇 | 词汇水平 | "趁热打铁"是什么意思? |
| | 相似性 | 抽象思维 | 一只蚂蚁与一朵玫瑰在哪些方面相似? |
| | 数字广度 | 工作记忆 | 正向或者反向复述一串数字 |
| 操作测试 | 积木构建 | 非言语推理 | 将4个积木块拼成卡片上所示图案 |
| | 符号搜索 | 信息处理速度 | 确定目标数字是否在搜索组中出现 |
| | 图片排列 | 非言语推理 | 将几张图片按次序排好,组成有逻辑的故事 |

目前广泛使用的测试工具还有**瑞文标准智力测验**。它是英国心理学家约翰·瑞文编制的一种非文字智力测验,以图形观察和推理为基础。其目的与韦氏智力测验中的操作量表相似,不依赖于文字

阅读能力，避免了受教育水平、文化环境等因素的影响。它是一种"文化公平"测验，常用于跨文化的心理学研究中。在瑞文测验中，你会见到类似这样的图形推理题：

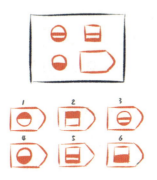

这类题不需要加以文字说明，各国受测者都可直接看图来推理答案。

**③ 如何看待智力测验**

一个多世纪以来，智力测验的理论和技术不断进步，并且在现代社会中发挥了重要作用。但同时智力测验也存在不少争议，尤其在与政治和经济权利等挂钩的情境中更是如此。

◆ **智力测验的作用**

智力测验作为一种标准化测试，可以用来科学地探索大脑和思维，为教育介入提供依据。例如，引入智力测验能使人才选拔更为客观，避免依靠决策者的个人意见作为评判标准。

从整体数据上看，智力测验分数与学业表现、经济状况、健康习惯等关系密切。心理学家的跟踪研究发现，智商与学业相关系数为 0.50，与成年后经济收入的相关系数为 0.30。

◆ **警惕"智商标签"**

智力测验只是对人类能力的某些方面进行抽样检测，而且在测试中会受到很多因素的影响和干扰，即使采用最可靠的测验，得到的也只是一个"估计"值。因此，智商不能作为个人价值的标签。"智商低"的标签会对一个人的成长造成巨大障碍，而"智商高"的标签也可能使人骄傲自负或者患得患失。

◆ **智力与成功的关系**

诚然，智力高可能有助于人们进入某个具有一定门槛的行业，但这并不能保证其成功，也绝非成功的唯一路径。

现代智力测验之父比奈认为，智力并非一成不变，而是能通过教育和练习得到提高。心理学家卡罗尔·德韦克提出"成长型心智"的思维模式，认为智力具有很强的可塑性，大脑像肌肉一样可以在学习中变得更强。成长型心智赋予人们更大的热情与接受挑战的勇气，更有助于取得成就。

(end) **小结**

说到这里，我们可以小结一下"智力""智力测验"和"智商"这几个概念了。

● **智力：**宽泛意义上的一种"一般的心理能力"，包括思考、学习、解决问题和适应环境等能力。

● **智力测验：**设定一系列测验条目，按照预定的标准计分，得到受测者的分数，以反映其智力水平。

● **智商：**"智力商数"的简称，指在智力测验中得到原始分数后，根据统计模型的规则，将受测者的分数与同龄人相比较，通过换算得到的数值。

## 三、什么因素决定智力差异

同一群体内（例如同一种族或者同一社会阶层）的智力差异，是由先天遗传因素决定的，还是由后天环境和教育等因素决定的？不同群体之间的智力差异又是由什么造成的？

### 1 群体内智力差异：基因、环境及其交互作用

群体内的智力差异是由基因、环境以及两者的交互作用决定的。

◆ **先天因素：基因对智力的影响**

哪些研究证据能够体现基因对智力的影响？我们主要介绍这三个方面的研究：智力相关度、遗传系数和基因采样分析。

▷ **智力相关度研究**

要想确定先天和后天因素对智力差异的贡献程度，需要把基因和环境因素分离，考察"环境相似、基因不同"的人以及"基因相同、环境不同"的人在智力测验中得分的相关度。

研究发现，无论成长环境是否相似，基因越相近，智力水平越接近。

## ⚲研究

基因和环境相似度不同的几类人，在智力测验中得分的相似度也不同。通过比较，能够考察基因和环境的影响。

第一组基因相同、环境相

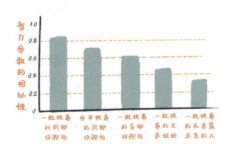

似；第二组基因相同、环境不同；第三到五组环境相似、基因相似度逐渐减弱。从图中可以看到，基因相似度越高的人，智力分数也越相似。同卵双胞胎即使分开抚养，智力相似度仍高于一起长大的异卵双胞胎。

### ▷ 遗传系数研究：基因能够解释多少智力差异

人和人之间的智力差异有多少能够被基因解释？心理学家用"遗传系数"指标来回答这个问题。综合相关研究结果，智力的遗传系数大约是 0.50，即 50% 的智力变异可以由基因解释。

需要注意的是，遗传系数**不是针对个体而是针对群体**的。它的含义不是"一个人智力的百分之多少取决于遗传，百分之多少取决于环境"，而是指在某一特定群体内，人与人之间的智力差异能够被基因解释的部分。

### ▷ 基因采样分析

随着现代遗传学技术的发展，科学家能够通过对大样本的人群进行基因采样和分析，来估算遗传对智力的影响力。最近的一项研究针对 3 000 多名成人进行全基因组分析，收集超过 50 万个遗传标记信息，综合起来能够解释智力测验得分差异的 40%~50%。但智力的遗传涉及基因的复杂交互作用，单个基因所能够解释的智力差异是微乎其微的。

### ◆ 后天因素：环境对智力的影响

从前面的研究还可以看到，被一起抚养的同卵双胞胎，智商相似度明显高于分开抚养的同卵双胞胎，这正体现了环境的作用。

此外，身处不同环境的人群，智力的遗传系数相差很大，也能够说明环境对智力的影响。

## 研究

富裕家庭中的孩子，智力的遗传系数大约是 0.72；而贫困家庭中的孩子，智力的遗传系数则大约是 0.10。可见，基因对富裕家庭中孩子智商的影响更大。

这是因为，家境良好的孩子都身处充分有利的生长和教育环境中，导致他们之间智商存在差异的主要因素是基因；而经济拮据的家庭没有为孩子提供充分发展遗传潜力的条件，且环境差异大，因此环境的影响作用更为明显。

环境影响智力的途径包括：

● 在发育早期，具有丰富刺激的环境会使脑细胞和大脑皮质发育得更为完整、复杂。

● 良好的营养、医疗保健条件和学校教育会促进智力发育。

● 家长与孩子的相处和沟通方式（比如讲故事频率、日常沟通的词汇量等）会影响孩子智力的激发。

上述途径往往都与家庭的**社会经济地位**相关。因此，促进贫困人口机会平等的措施，应包括对孕妇与儿童的营养支持、提供儿童早期教育和家长培训以及改善学校条件等。

◆ **环境与基因的关系**

我们的每种特质，包括智力以及人格，都是在基因与环境的交互作用中发展出来的。如果将个体的智力水平比作橡皮筋的长度，那么基因的作用就像橡皮筋本身的长度，而环境的作用则类似于外部拉力的大小。基因提供了一个范围，而环境因素决定了最终的实际长度。

需要注意的是，科学家对先天因素和后天因素的研究，**是在"平均"和"普遍"意义上给出的，**这些研究丰富了我们的认识，指导了后续研究的方向，但还不足以解释具体个人的一切。

## 2 群体间的智力差异：环境的作用

不同群体（如不同种族、国籍或社会阶层）在智力测试上的得分确实体现出差异。当智力的群体差异被归因于先天基因的优劣，便容易滋生歧视与不平等，目前仍然有这类观点存在。然而科学研究表明：群体间的平均智力差异是由环境造成的，而非所谓的种族先天差异。

### ○研究

心理学家针对被收养到条件相似的家庭的 100 多名白人孩子和黑人孩子以及他们的生父母和养父母进行了研究。生父母智商都在 100 左右，而养父母智商都在 120 左右。

当孩子们进入青春期时，智商都在 110 左右，白人和黑人孩子不存在种族差异。

智力测验是一个结果，导致不同群体间在智力测验上出现差异的原因很多：

● 少数族裔和发展中国家不良的社会环境和教育资源在这种差异中发挥了主要作用。

● 智力测验具有文化特性，许多智力测验在进行跨文化比较时并不可靠。

● 预期效应：少数族裔受测者对自己"能力较低"的预期会影响其在测试中的表现；施测者的态度、性别和种族等因素也会产生影响。

智力作为人类个体差异中最主要的一个方面，对于社会公平和资源分配有着重要的意义。不可否认，在各种文化之中，个体的智力水平往往直接反映在社会资源和社会地位上，但大量研究表明，强大的热情与内驱力、坚毅性和后天的专业化训练等因素仍然可以塑造特殊维度上的能力。开发"斯坦福－比奈测验"的心理学家特曼对一批天才儿童进行了几十年的追踪研究后也指出，"为实现目标而坚持不懈、自信，以及不为自卑感所困"的特质是获得成就的重要决定因素。

## 📖书籍推荐

### 《绝非天赋》

美国认知心理学家斯科特·考夫曼通过系统地梳理智力和智商测验的相关研究成果，结合遗传学、神经科学和发展心理学等学科的重要理论，探讨了影响一个人成功的各种因素，并对"智力"提出了一个更具开放性的定义——在追寻个人目标的过程中，"投入"与"能力"的动态互动。本书的特别之处还在于，作者在每一章的开头用小故事的方式描述自己成长过程中的探寻与反思：作为一个从小被诊断有"学习障碍"的孩子，是如何在"天赋不足"的情况下成为耶鲁大学博士、纽约大学心理学教授以及知名的认知心理学家的。

作者 ▶
【美】斯科特·考夫曼（Scott Barry Kaufman）
出版社 ▶
浙江人民出版社

## 回顾与思考

智力在宽泛的意义上指"一般的心理能力"，包括思考、学习、解决问题和适应环境等能力。但是否存在单一通用的"一般智力因素"呢？心理学家对此有争议。有些人认为，智力由相对独立的多种不同能力组成。

现代智力测验诞生至今超过百年，经过不断修正发展，在现代生活中发挥了重要作用。但我们也要看到其局限性，警惕"贴标签"的负面作用。

个体之间智力差异由遗传和环境因素共同造就，群体之间的智力差异由环境造成。

**请结合本章的内容，思考如下问题：**

? 你是否参加过智力测验？你现在会如何看待智商数值？

? 列出几个你所认识（或者所知道）的有成就的人士，你认为他们获得成就的主要因素有什么？智力在其中是否发挥了作用？

第十三章

# 人格：
# 你为什么会成为你？

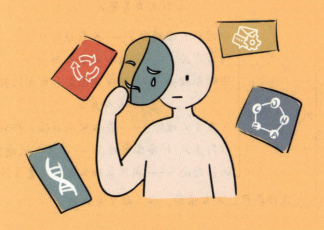

在我们耳熟能详的《西游记》故事中，师徒四人在取经路上遇到九九八十一难。每次面对不同的困难，他们总是表现出自己一以贯之的行为模式和特点：唐僧坚定平和，愚善固执；孙悟空疾恶如仇，敢作敢当；猪八戒憨厚单纯，不分敌我；沙和尚任劳任怨，缺乏主见。

虽然《西游记》是一部虚构作品，但其中的角色让我们联想到，在现实生活中，形形色色的人也是这样各自呈现出独有的行为模式的。

为了解释人与人之间的差异，研究者们用"人格"来描述一个人表现出来的相对一致的行为和人际模式。如何描述人与人的差异？这些差异是怎么形成的？我们从人格心理学理论的不同视角来看这些问题。

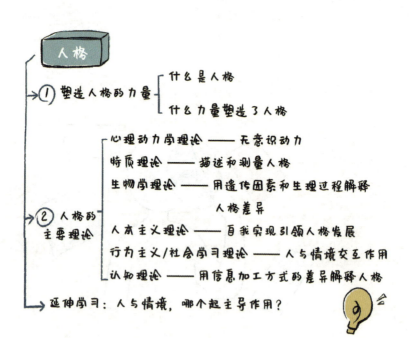

## 一、塑造人格的力量

### 1 什么是人格

　　人们在相似的情境下可能会做出不同的反应。例如，在同一个班级里，有人热爱集体活动，有人偏好独处；同样困在电梯里，有人惊慌失措，有人冷静应对。心理学关注的恰恰就是这样的个体差异，并且用人格来描述和解释这种差异。

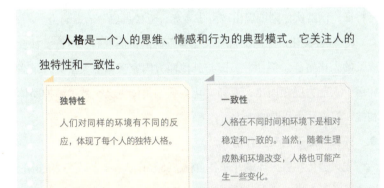

**人格**是一个人的思维、情感和行为的典型模式。它关注人的独特性和一致性。

**独特性**

人们对同样的环境有不同的反应，体现了每个人的独特人格。

**一致性**

人格在不同时间和环境下是相对稳定和一致的。当然，随着生理成熟和环境改变，人格也可能产生一些变化。

### 2 什么力量塑造了人格

　　完整的人格是通过**先天力量（遗传）**和**后天力量（环境）**的相互作用塑造而成的。

◆ **先天力量**

　　遗传因素可以造成部分大脑生理特性差异，从而导致人格的差异。

例如外向与内向的人，在神经系统唤醒水平和多巴胺水平上存在差异。目前的研究估计，40%~50% 的人格差异可以归结为遗传差异。

◆ **后天力量**

▷ **家庭环境：**父母的教养方式会直接影响孩子人格的形成。例如，父母过于强势、控制欲强，孩子容易消极、自卑；父母过于溺爱，则孩子容易任性、无礼。

▷ **童年经验：**婴幼儿和儿童时期建立的稳定、和谐的亲子关系，对健康的人格发展有重要作用。

▷ **学校教育：**教师的管教风格不同，学生也会表现出不同的言行特征；同龄伙伴则展现出"近朱者赤，近墨者黑"的影响力。

▷ **社会文化：**不同的社会文化有不同的价值取向，塑造了社会成员的人格特征。例如，美国与其他西方国家强调个人主义，崇尚凭借个人能力脱颖而出；亚洲文化则强调集体主义，鼓励维护团体利益、促进社会和谐的行为。

◆ **先天与后天的交互作用**

先天遗传和后天环境并非各自独立地影响人格，而是互相作用。遗传提供了人格发展方向的基础，而环境可以决定它的表达。

一方面，环境因素在人处于胚胎状态时就开始产生影响，例如，孕妇的激素水平、血液中的某些物质等，都可能影响胚胎发育；另一方面，人的遗传倾向也会"塑造"环境，例如，天生外向的孩子会对父母的爱做出更主动的反应，这反过来也会促进父母与孩子的互动。

另外，人格的特征包含多个方面，在气质、智力等与生理因素较为相关的特征上，遗传因素较为重要；而在价值观、性格等与社会因素较为相关的特征上，后天环境因素则更重要。

## 二、人格的主要理论

关于人格的不同理论是心理学多元视角的体现。下面介绍六个主要的人格理论，它们从不同角度对人格的描述和成因进行了具体探讨。

**1 心理动力学理论——无意识动力**

心理动力学致力于寻找行为背后的动力，它最初来自弗洛伊德的精神分析理论，之后由他的追随者们（新弗洛伊德学派）继承和突破。

◆ **弗洛伊德的精神分析理论**

**心理学家简介**

**西格蒙德·弗洛伊德（1856—1939）**

如果让普通大众说出一个他所知道的心理学家的名字，大多数人会说弗洛伊德。

正如弗洛伊德自己所言："我独自一人在这片新领域中开拓。"奥地利精神病医师西格蒙德·弗洛伊德生活在性压抑与男性主导的维多利亚时代。他在获得医学博士学位后开业行医，通过一系列临床观察以及与患者的互动，从心理方面寻找精神障碍的原因，并开启了精神分析学派。

尽管到了今天，科学心理学对弗洛伊德的方法和思想持怀疑态度，但是他提出的很多概念——比如"自我""压抑""投射""弗洛伊德式口误"——已经渗透到了我们生活的方方面面。

弗洛伊德的核心理论包括无意识、人格的结构和防御机制等内容：

▷ **无意识①**：弗洛伊德根据对病人的观察提出，有很多不能被接受的想法、愿望、感受和记忆潜藏于意识之下，我们所意识到的就像冰山浮在海面上的一小部分，隐藏

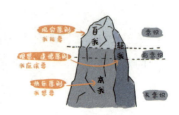

起来的大部分心理属于无意识领域。意识和无意识之间的部分（即将浮出水面的）则是前意识。

▷ **人格的结构**：人格由本我、超我和自我三个系统组成。本我和超我之间的冲突，就是人的生物本能（攻击性和追求快感的冲动）与内在社会规范（控制冲动）之间的冲突。

▷ **防御机制**：本我、超我和自我的冲突如果难以调和，会导致焦虑；为了消除焦虑，自我会使用几种无意识的应对机制，称为防御机制。最基本的防御机制是**压抑**——将痛苦体验和不可接受的冲动从意识中排除出去。

◆ **新弗洛伊德学派**

弗洛伊德的追随者们都吸纳了无意识等基本观点，但他们对人格背后的动力有不同看法：

---

① 弗洛伊德早期将"潜意识"与"无意识"互换使用，本书统一使用"无意识"。

▷ **自卑情结：** 奥地利心理学家阿尔弗雷德·阿德勒强调意识的作用，他认为，人格的发展动力是克服童年期的自卑感和追求优越。在其代表作《自卑与超越》中，阿德勒说："自卑感本身并非异常。它是人类所有为改善处境所做努力的根源。比如，只有人们在自觉无知、需要预见未来时，科学才能进步。"

▷ **集体无意识：** 瑞士心理学家卡尔·荣格发现，在不同的民族和文化中，有十分类似的神话和象征，比如，力大无比的英雄、带来灾难的妖怪等。这是我们继承的共同的无意识心理特征，荣格将其称为"集体无意识"。集体无意识沉淀中共同的原始意象被称为"原型"，如母亲、英雄、智者、大地、日月等。

📖 书籍推荐

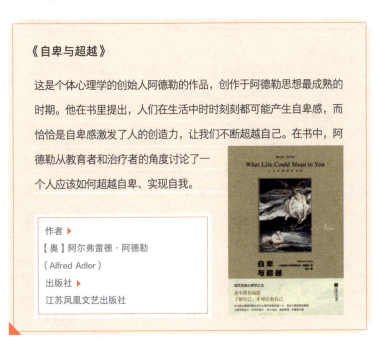

**《自卑与超越》**

这是个体心理学的创始人阿德勒的作品，创作于阿德勒思想最成熟的时期。他在书里提出，人们在生活中时时刻刻都可能产生自卑感，而恰恰是自卑感激发了人的创造力，让我们不断超越自己。在书中，阿德勒从教育者和治疗者的角度讨论了一个人应该如何超越自卑、实现自我。

作者 ▶
【奥】阿尔弗雷德·阿德勒
（Alfred Adler）
出版社 ▶
江苏凤凰文艺出版社

## ⚙ 如何评价

**精神分析理论的贡献**

- 提出了第一个最具综合性的人格、心理障碍和心理治疗理论。

- 揭示出无意识的存在、自我保护的防御机制和童年经历的重要性；心理学研究的许多课题都源于精神分析理论提出的概念。

- 在心理学之外的领域，尤其是文学艺术领域，有广泛影响。

**精神分析理论的不足**

- 不是真正的科学理论：其理论主要是对过去的解释，而对未来的预测性很差。

- 很多概念较为含糊（如被压抑的记忆），少有可信证据，难以得到科学评价。

### 2 特质理论——描述和测量人格

特质理论是目前人格心理学中研究最多的。这个理论认为，人格由多个特质维度构成，是一系列特质的集合。

#### ◆ 特质维度

特质指的是相对稳定的人格特征。特质有成百上千种，许多特质之间相互关联。有少数几个特质更为基础，能够更加准确地描述出人格差异，并能够影响其他更表层的特质。因此，研究者致力于找出它们来。

什么是维度？打个比方，描述一个苹果时，我们可以从三个维度出发：大小（大还是小），颜色（红还是绿），味道（酸还是甜）。描述人格，则有最基本的两大维度：**内倾—外倾、情**

**绪稳定性—情绪不稳定性。**

为了找到更加基础的特质类型，研究者们采用一种有效的统计工具——**因素分析**。在众多用来描述人格特点的形容词中，用因素分析法找出共同因素，然后为它们命名。研究者们逐渐在五个基本维度上达成共识。

◆ **大五人格**

不同研究组的统计研究得到一致的发现：绝大多数人格特质来自五个基础维度，可称之为"大五人格"。每个维度都是连续体，大多数人都是位于它两端中间的某个位置。描述这五个维度的单词的首字母正好构成 OCEAN（海洋）一词：

▷ **开放性（Openness）**：得分高者[①]是不拘于习俗的独立的思想者；得分低者则比较传统，喜欢熟悉的事物。

▷ **尽责性（Conscientiousness）**：得分高者做事有条理、有计划；得分低者马虎大意、容易分心。

▷ **外倾性（Extraversion）**：得分高者善于交际、热情果断；得分低者安静、被动。

▷ **宜人性（Agreeableness）**：得分高者乐于合作、助人；得分低者冷漠、多疑。

▷ **神经质（Neuroticism）**：得分高者情绪波动大，易于焦虑、脆弱；得分低者情绪稳定，烦恼较少。

---

① 此处的"得分"描述的是"分布位置"，并无优劣强弱之分。

### 💡提示

维度不同于类型。在特质理论中，每个维度相对独立，是从几个不同方面来描述一个人。而人格的类型理论[1]将所有人分为几类，将每个人归为其中的一类。不同维度的人格特质可以组合成不同的人格类型，就好像特质是基本的砖块，而类型是砖块的组合。

### ◆ 如何测量特质：人格量表

**心理量表**是一种心理测量工具，用于反映个体在某个方面的心理能力或者特征，其中包括人格量表。**人格量表**是一系列问卷调查表，由被测试者回答关于感受和行为等方面的问题，可以同时测量几种特质。划分特质的方法有很多，由此也衍生出多种不同的人格量表。

▷ 人格量表采用客观的计分，可以由计算机进行测试和计分。为了应对被测试者伪装的问题，还可以加入检测是否伪装的量表。

▷ **明尼苏达多相人格问卷**是一种经典的人格量表，主要用于评估可能患有心理障碍的人的人格。

▷ 建立在大五人格理论基础上的是**大五人格量表**。

---

[1] 例如你可能听过的"九型人格"理论就是典型的类型理论，将人格分为九类。

## 📈 量表示例

### 大五人格量表

🔲 依据你的真实想法，勾选合适的选项。答案没有对错之分。

| | 非常不同意 | 不同意 | 不确定 | 同意 | 非常同意 |
|---|---|---|---|---|---|
| ① 我不是个容易忧虑的人 | | | | | |
| ② 我喜欢有很多朋友 | | | | | |
| ③ 我不喜欢浪费时间做白日梦 | | | | | |
| ④ 我试着有礼貌地对待遇到的每个人 | | | | | |
| ⑤ 我将自己的东西保持整齐清洁 | | | | | |
| ······ | | | | | |
| ⑥⑩ 对每件事我都力求做到最好 | | | | | |

上述量表共有 60 个条目，根据被测试者勾选的选项，对五个维度进行计分。

## ▭ 如何评价

**特质理论的贡献**

能够较好地预测人们在常见情境中的行为，广泛应用于心理诊断、教育、招聘等领域。研究表明，随着年龄增长，人格特质会发生一些变化，同时也会越来越稳定。

**特质理论的不足**

描述特质的"标签"过于简化和固定，无法揭示特质的来源，并且可能造成"自我实现的预言"。

**3** 生物学理论——用遗传因素和生理过程解释人格差异

生物学理论寻找人格产生的物质基础，来探知人们与生俱来的不同之处。例如，用"脑电图仪"测量脑电活动水平，所得到的大脑相关区域活动信息可以反映出人们体验不同情绪的倾向。

心理学家做过一个有趣的实验：把柠檬汁滴到被试的舌头上，内向者比外向者分泌更多唾液。这是因为两者的大脑皮质激活性存在差异，内向者的大脑皮质更容易被激活，对刺激的反应性更高，所以更偏好安静的低刺激环境。

◆ **气质与人格**

仔细观察婴幼儿，会发现他们可能表现出不同的行为倾向，心理学家称之为"气质"。气质更多地由生物特性决定。这种先天形成的脾气、禀性，会在将来较为稳定的人格形成中起重要作用。当然，这个过程还会受到成长经历和环境中多种因素的影响。

◆ **遗传的作用**

与上一章介绍的智力研究类似，对家族成员和双胞胎进行研究，是研究人格遗传因素的常用方法。

## 实验

### 双生子实验

1983 年至 1990 年，美国两位心理学家对 56 对被不同家庭收养的同卵双胞胎进行心理测验和生理测量（同卵双胞胎的基因基本相同，而分开养育使他们身处不同的环境），并把他们与共同成长的同卵双胞胎进行比较，完成了一项反响巨大的研究。

这项研究结果表明："人们在外倾—内倾（开朗大方或腼腆

内向）、神经质（承受高度焦虑或具有偏激的感情反应的倾向）和自觉性（个人的干练、负责任和考虑问题的全面程度）等特性上的变异可以更多地（65%）以遗传差异而非环境因素来解释。"

十年后，进行该项研究的心理学家在综合相关研究证据后，在其著作中总结："从整体上看，**人格中 40% 的变异和智力中 50% 的变异都以遗传为基础**。"

▭▭▭ *如何评价*

| 人格的生物学理论的贡献 | 人格的生物学理论的不足 |
| --- | --- |
| • 在人格研究和生物科学之间架起了一座桥梁。<br>• 依靠科学的实证研究。 | • 没有形成统一的气质模型。<br>• 没有为人格变化提供解释。 |

**4 人本主义理论——自我实现引领人格发展**

人本主义理论认为，人对自己的行为负主要责任，责任感和自我接纳感的不同是造成人格差异的主要原因。自我实现的努力，以及"理想自我"和"现实自我"之间的和谐，将会促进人格发展，而它们之间的冲突则会导致心理和行为方面的问题。下面介绍两个主要代表人物——美国心理学家亚伯拉罕·马斯洛和卡尔·罗杰斯的观点。

◆ **马斯洛的"自我实现者"**

根据马斯洛的需要层次理论[①]，"自我实现"的需要处于金字塔

———————

① 第十章介绍了马斯洛的需要层次理论。

顶端。马斯洛研究了一批拥有"自我实现人格"的人，包括同时代的名人和历史上的伟人，发现他们的共同特征包括接纳自己、不易受规范和习俗约束、富于创造性和幽默感等。

◆ **罗杰斯的"无条件积极关注"**

每个人都有获得他人积极关注的需求。但这种关注常常是有条件的，例如有的父母只在孩子符合期望时才体现出爱。在这种情况下，孩子可能会体验到焦虑和负罪感，难以建立健全的自我概念。

无条件积极关注有利于培养健康人格。只有这样，才能自由地把弱点和错误都纳入自我概念。除了家庭，人们在友谊、爱情和心理治疗等关系中都需要这种接纳。

---

⌢⌢ *如何评价*

**人本主义理论的贡献**

- 更关注人格健康而非心理障碍，为人格研究带来积极观点，为积极心理学运动的出现奠定了基础。
- 对心理治疗和心理咨询有重大影响。
- 发挥潜能和自我实现等理念对教育和管理等领域有很大影响。

**人本主义理论的不足**

- "自我实现"和"个人成长"等概念难以界定，有些理论内容更接近信仰而非科学事实。
- 对人性本善的假设过于天真。

行为主义心理学认为，人的心理状态看不见摸不着，只有外显的行为才可以研究；人们与众不同的行为模式是由外部的环境和奖惩塑造的。

后来，社会学习理论拓展了行为主义的观点，认为除了外在刺激，还应该加上内部认知的因素。美国心理学家阿尔伯特·班杜拉的"观察学习"和"交互决定论"是其中的重要理论[①]。

在第六章，我们已经介绍了观察学习理论，下面介绍人格的"交互决定"过程。

行为由环境（包括外部奖惩等）和认知（思想、观念、期望等）共同决定，而且不是二者的简单结合，而是彼此互相影响。不同的人选择不同的环境，对事件做出不同的反应，从而影响自己所处的环境，并进一步被环境塑造。人格是由一个人的认知、环境和行为三者持续互动而塑造的。

例如，对于一个运动爱好者而言，"喜欢运动"的认知使他选择能够健身的环境，这个环境又促进他与其他爱好者交流的行为，并进一步强化他对运动的爱好。同时，认知也会促进他的相关行为，从而为自己塑造更有利的环境，并进一步强化认知。

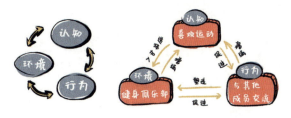

---

① 他将自己的理论称为"社会认知理论"。

| 社会学习理论的贡献 | 社会学习理论的不足 |
|---|---|
| ● 关注情境与个体之间的相互影响。<br>● 采取的实验研究方法具有科学基础。<br>● 特别适用于解释、治疗与观察学习相关的心理障碍。 | 过于强调情境，忽略了与情绪和动机相关的无意识过程以及遗传因素。 |

## ⑥ 认知理论——用信息加工方式的差异解释人格

同一情境下，人们有不同的情绪和行为表现，这个过程中发生了什么？

人格的认知理论认为，人们加工信息的方式不同，是造成行为差异的原因。鲁迅先生说，同一部《红楼梦》，"经学家看见《易》，道学家看见淫，才子看见缠绵……"这正体现了人们对相同信息有不同的解释和加工方式。当一个人形成了相对稳定的认知模式，那么在类似情境下他的反应也基本类似。

认知结构中最重要的就是关于"自我"的概念，它关系到我们对外界信息的解释，以及与周围环境的互动方式。我们重点来看"自我图式"和"可能自我"所起的作用。

### ◆ 自我图式

**图式**是一个人已有的知识和经验的结构，帮我们把零乱的信息组织起来，方便加工。比如甲乙两人同时见到一位陌生人，甲首先注意到陌生人的身高特征，乙首先注意到陌生人的着装风格，就体现了他们有不同的"图式"。

**自我图式**可以帮我们组织有关"自我"的信息。人们根据以往经验，把对自己有意义的重要信息绑定在一起，形成对自己概括性的认识。每个人的自我图式中纳入的要素不同，遇到事情时快速判断和启动的行为模式也就不同。例如，如果你的自我图式中有"害羞"的自我评价，那么在社交场合往往就会向后退缩。

下面是一个自我图式的例子，其中包含性别、家庭、专业、职业、爱好、特质、自我价值判断等因素：

◆ **可能自我**

自我图式是对现在的自我的看法，**可能自我**则是对未来的自我的看法，既包括我们渴望成为的角色与拥有的品质，也包括我们害怕成为的样子。

可能自我指引着人们的行为反应和决策选择，例如，职业方面的"可能自我"会影响一个人的择业决策。

〔 如何评价

**人格的认知理论的贡献**

- 用认知解释行为，重视实证，是现代心理学的趋势。
- 认知取向的疗法在心理治疗中受欢迎。

**人格的认识理论的不足**

- 有些概念较为抽象。
- 缺少统一的模型。

(end) 小结

上面六个理论的视角不同，互相补充，为理解人格做出了不同贡献。当今的心理科学关注多个因素对人格造成的影响，把人看作生物、心理和社会的有机体。

| 人格理论 | | 主要观点 |
|---|---|---|
| 特质理论 | 描述和测量人格 | 人格由多个特质维度构成，具有稳定性。"大五模型"是最有代表性的人格维度模型。 |
| 心理动力学理论 | 解释人格的形成 | 人格是动力学过程，涉及强大且常常冲突的动机与情绪。 |
| 生物学理论 | | 用遗传因素和生理过程解释人格差异。 |
| 人本主义理论 | | 人们受到自我实现的驱使，积极的自我概念塑造健康人格。 |
| 行为主义/社会学习理论 | | 人的行为、认知和环境交互作用，塑造人格。 |
| 认知理论 | | 人们的信息加工方式不同，导致行为和人格差异。 |

人格理论在生活中最常见的应用是心理治疗。心理治疗有很多方式，每种方式都反映了治疗专家对人格本质的不同看法①。下面我们以"抑郁"为例，看看这六种人格理论如何对其进行解释。

● **特质理论：**探查哪些人容易抑郁，例如外倾性和开放性都比较低的人。

● **心理动力学理论：**精神分析学派认为，抑郁是一种转向内心的愤怒，是无意识水平的表现。

● **生物学理论：**遗传倾向导致有些人更可能在压力面前做出

---

① 心理治疗的方法详见本书第二十一章。

抑郁反应。

- **人本主义理论：** 抑郁的人往往是无法建立良好的自我价值感、无法接纳自己的人，或者很少受到无条件积极关注的人。

- **行为主义 / 社会学习理论：** 生活中缺乏积极强化物、失去生活掌控感而导致"习得性无助"的人，容易抑郁。

- **认知理论：** 容易回想不愉快的时刻、用悲观的方式解释世界的思维方式，会导致抑郁。

## ᐧᐧᐧ延伸学习

### 人与情境，哪个起主导作用？

人们的行为由他的人格还是他所处的情境决定？人的行为是随情境改变，还是保持稳定一致？社会心理学似乎做出了与人格心理学不同的回答[1]。

| 人格心理学 |
|---|
| 跨越不同时间和情境，人们会展现出独特的应对方式和情绪变化，这是持久而内在的。 |

| 社会心理学 |
|---|
| 情境的影响力量很强大，一个人在面对不同情境时，可能表现出不同的行为特点。 |

但实际上，这两者不是非此即彼的关系，我们可以从如下方面分析它们的适用性：

★重大事件（如大灾难）会压倒个体差异，也就是说，强大的情境会导致人们出现相似的反应；但情境过后，人们独特的人格特

---

[1]　社会心理学的内容参见本书第十六章到十八章。

征还是会展现出不同的应对方式。

★短时间内（尤其是在特殊情境下），情境对行为的解释力可能更强；长远来看，人格一致性就体现出来了。

★对人格特质的测量，预测的是人们在很多情境下的平均行为，而非在任何指定情境下的特定行为。

★人的行为是人格与情境互动的结果。

## 💡回顾与思考

在同样的情境中，人们会表现出各自独特的行为模式。如何描述并测量人与人的差异？这些差异是如何形成的？这就是人格心理学关注的内容。多种人格心理学理论用多元视角分析人格，互为补充，帮助我们更深入地理解"我是谁"。

**请结合本章的内容，思考如下问题：**

❓ 你与自己的家庭成员（特别是兄弟姐妹）在五个维度的人格特质上分别是怎样的？你认为你们之间在人格方面的相似性更大还是差异性更大？你觉得造成相似性/差异性的因素主要有哪些？

❓ 结合本章介绍的六种人格理论，你觉得哪个或者哪几个理论对你认识自我并发展健康人格最有帮助？为什么？

# 第十四章

# 发展心理学（上）：
# 0~12 岁，我们怎样跟
# 世界建立连接？

作为当代杰出的心理学家之一，埃利奥特·阿伦森在年近 80 岁时撰写自传《绝非偶然》，讲述了他一生中的求学、研究、教学和生活经历。他出生于一个贫困且并不和睦的家庭，经过年少时的迷茫和自我探索，到青壮年时成就卓著、硕果累累，再到老年时遭遇失明打击但笔耕不辍，他始终认为，"此时此刻"永远是人生中最好的时刻。

阿伦森富有启发和激励的人生历程，让我们不禁思考：一个人在成长过程中为什么既有巨大变化，又会体现出稳定与一致性？成长的旅程是否有规律可循？

在下面两个章节，我们将坐着时光穿梭机，回顾小时候的自己在各个方面是如何成长变化的，同时展望未来的自己会向哪个方向发展，为尚未到来的人生做好准备。本章将聚焦于 0~12 岁阶段，下章将聚焦于 12 岁以后的阶段。

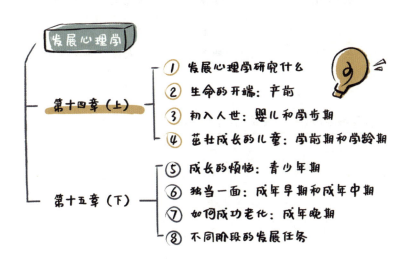

## 一、发展心理学研究什么

"发展"指人随着年龄增长而发生的一系列变化。作为心理学的一门分支学科,发展心理学关注人从出生到死亡的毕生发展过程,探究生命过程中行为模式的发展变化和稳定性。

**1 研究主题:生理、认知与社会性 / 人格**

从横向的研究领域来看,发展心理学的研究范围包括生理、认知以及社会性 / 人格的发展:

**2 年龄阶段划分:生命周期**

从纵向的年龄阶段来看,人的生命周期可以做如下划分[1]:

---

① 参照罗伯特·费尔德曼《发展心理学——探索人生发展的轨迹》(原书第 3 版)。

产前期　从受孕到出生

婴儿和学步期　出生到3岁

学前期　3~6岁

学龄期　6~12岁

注：各阶段的起止时间并非绝对精确，界线并不清晰，且存在个体差异

青少年期　12~20岁

成年期　20岁到死亡

成年早期　20~40岁
成年中期　40~65岁
成年晚期　65岁~死亡

　　本章和下一章将简要介绍在每个年龄阶段，我们的生理、认知和社会性/人格如何发展。可以看到，横向的研究主题和纵向的年龄阶段形成了一个如下的矩阵：

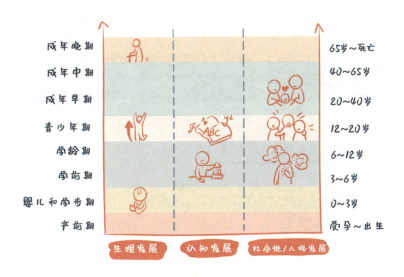

成年晚期　　　　　　　　　　　　　　　　　65岁~死亡
成年中期　　　　　　　　　　　　　　　　　40~65岁
成年早期　　　　　　　　　　　　　　　　　20~40岁
青少年期　　　　　　　　　　　　　　　　　12~20岁
学龄期　　　　　　　　　　　　　　　　　　6~12岁
学前期　　　　　　　　　　　　　　　　　　3~6岁
婴儿和学步期　　　　　　　　　　　　　　　0~3岁
产前期　　　　　　　　　　　　　　　　　　受孕~出生

生理发展　　　认知发展　　　社会性/人格发展

## 二、生命的开端：产前

早在出生之前，发展历程就开始了。父亲的精子和母亲的卵子在输卵管中相遇形成受精卵，通过生长、分裂与分化构成人体的各个组成部分，最终形成准备降生的胎儿。

**1 生理发展**

从第一个单细胞（受精卵）的形成，到拥有 100 万亿细胞的婴儿出生，通常有 9 个月的怀孕期，可以分为三个阶段：

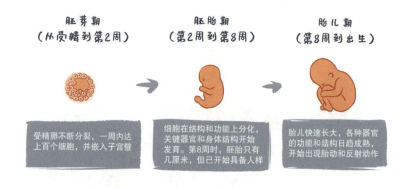

**2 认知与社会性 / 人格发展**

遗传和环境的交互作用对胎儿出生后的认知与社会性 / 人格发展有重要影响。人体每一个细胞都承载着来自父母细胞核染色体的遗传信息，而胎儿在子宫中的环境和外界环境也会影响基因的表达，通俗地讲就是"遗传发牌，环境出牌"。

发展心理学很关注产前环境对发展的影响。一方面，由于胎儿与母亲之间由胎盘紧密联系，母亲的饮食、营养、身心健康状况和药物使用等情况对胎儿发育和出生后的身心发展有直接影响；另一方面，家庭成员（尤其是父亲）的行为对产前环境也很重要，例如他们是否使用烟酒和非法药物，以及对母亲的情绪是否积极关注。

## 三、初入人世：婴儿和学步期

胎儿呱呱坠地后，在0~3岁的婴儿和学步期[①]，各方面都会经历快速的发展变化。下文我们统一用"婴儿"来指代这个时期的孩子。

### 1 生理发展

除了身高和体重增长迅速，婴儿的生理发展还体现在神经系统和运动能力方面。

◆ **神经系统**

婴儿的各方面发展都建立在神经系统的基础上。

▷ **神经连接建立**

婴儿出生时，神经元多达上千亿个，但它们之间的连接相对较少。出生后的三年时间里，受环境刺激，神经元会迅速建立数量远超成年人的新连接，使神经网络变得更加复杂，为认知发展打下基础。

▷ **神经传导加快**

神经元轴突迅速被脂肪组织包裹（称为"髓鞘化"），使神经冲

---

① 具体阶段存在不同的划分方式，例如有的研究将0~1.5岁或者0~2岁定义为婴儿期。

动传导更加迅速。

▷ **关键期与敏感期**

这一时期大脑对刺激非常敏感，可被经验改变其结构和功能，可塑性极强，因此为婴儿提供良好而丰富的环境十分重要。

脑的可塑性与发展的"关键期"密切相关。例如，婴儿出生后的半年内是视觉发展关键期，如果因为某些原因被遮蔽眼睛，相关脑区得不到有效的视觉刺激，则有可能丧失视觉功能。

对于其他一些心理功能来说，"敏感期"的概念更为准确：在某一时期内对环境刺激最为敏感，发展最迅速，错过之后会大幅下降，但也还有一定的发展可能性[①]。

◆ **运动发展**

新生儿（出生后至28天称为新生儿）头重脚轻又缺乏力气，几乎毫无行动能力。不过了保护自己和适应环境，他们具有一些先天的身体技能，称为"反射"。例如，触碰新生儿脸颊时，他会把头转向被触碰的一侧并做好进食准备，这是"觅食反射"。

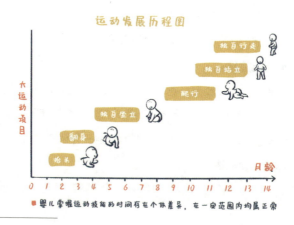

运动发展历程图

婴儿掌握运动技能的时间有个体差异，在一定范围内均属正常

---

① 第九章介绍了语言发展的敏感期。

婴儿在成长中不断获取各种运动技能：抬头—翻身—坐—爬—站立—行走。此外，精细的四肢动作也在发展，如抓握物体。

## 2 认知与社会性/人格发展

随着生理的成熟，这一时期的婴儿感知觉、语言、记忆和学习等认知能力也得到惊人发展（语言发展情况具体见第九章的介绍）。

在社会性/人格方面，婴儿会发展出自我觉知，建立与照料者的情感联系（依恋），并且逐步展示个人较为稳定的独特的情绪特征（气质）。

### ◆ 自我觉知

"自我觉知"是对自己作为一个独立个体的认识，这是建立社会关系的基础。年幼的婴儿还没有这种意识；到1岁左右，婴儿的自我觉知开始发展，能够把自己和他人区分开；2岁左右则能够开始理解别人的情绪状态并做出回应。

## 实验

**点红测验**

研究人员在婴儿脸上悄悄点上一个红点，然后把婴儿放在镜子前。婴儿能通过照镜子认出自己，并主动碰触脸上的红点，做出"自我指向"的行为吗？

这种研究方法被称为点红测验，目的是区分婴儿是单纯对镜子中的另一个个体表现出兴趣，还是的确能够理解镜中的就是自己——后者体现出自我觉知。

实验表明，大部分婴儿在17~24个月时才能通过点红测验（通过点红测验的时间存在文化差异，在一些国家如斐济、肯尼亚所做的研究发现，婴儿通过测验的时间明显更晚）。

### ◆ 社会情感联结——依恋

婴儿社会技能的发展是从与父母（或主要照料者）建立亲密情感联系开始的，这种情感联系称为"依恋"。

#### ▷ 依恋与接触安慰

婴儿通过与照料者的身体接触得到刺激和安心感，称为"接触安慰"。心理学家最早通过下面这个实验发现了接触安慰的重要作用。

## 实验

**恒河猴实验**

实验人员将刚出生的恒河猴与母亲分开，并在笼子里放了两个人造的"代理母猴"。其中一只是"铁丝妈妈"，胸前挂着奶瓶；另一只是"绒布妈妈"，身上包裹着柔软的绒布。

结果发现，婴猴只有在饥饿时才去找铁丝妈妈，其他大部分时候都愿意依偎在绒布妈妈身边。这个实验证明，除了提供饮食，照料者的生理接触对幼崽的意义同样重大。

后续进一步的实验还发现，除了触摸之外，运动和玩耍也是幼崽正常发育必不可少的。

（恒河猴实验的主要争议之一在于对婴猴过于残忍。当时关于动物实验的伦理尚未确立。）

进一步的研究表明，带着爱与温柔的抚触能够促进内啡肽释放，产生愉悦感，并促进身心发育，是依恋形成中非常关键的因素。

▷ **依恋的类型**

美国发展心理学家玛丽·安斯沃斯设计了一个实验，来观测婴儿的依恋类型。主要情境包括：让母亲和婴儿一起在一个有玩具的陌生房间里玩耍，之后母亲短暂离开房间，最后母亲再返回房间。

通过观察婴儿在整个过程中的行为表现，她将婴儿依恋风格分为三个类型：安全型、焦虑－矛盾型和回避型[①]。

---

① 后来的研究又发现了一种"混乱型"依恋模式：在母亲离开和回来时，情绪和行为表现混乱、无组织，极度缺乏安全感。

研究表明，大部分婴儿（60%以上）表现出安全型依恋。这类婴儿的照料者对婴儿发出的需求信号敏锐，能及时发现并满足婴儿需求，而不会表现出冷漠或反复无常。

依恋是信任感和安全感的基础，将影响未来的人际关系模式。安全型婴儿与其他类型相比，长大后更不容易出现心理问题，也有更强的社会能力。在本书第十七章《社会关系与互动：我们如何与他人相处？》中，我们将看到依恋类型对成年后亲密关系的影响。

◆ **气质差异**

婴儿的依恋风格并非都由父母和环境决定。它既与父母的回应和互动方式有关，还与婴儿自身的气质有关。"气质"是人格的组成部分，包括情绪反应特点和活跃水平等，很大程度上取决于先天遗传。

婴儿从出生起就呈现出不同的气质，有的天生"好养"，适应性强，作息规律；有的则是"高需求宝宝"，抵制变化，容易烦躁。婴儿对照料者的反应也会影响照料者的行为，从而影响依恋的形成过程。

## 四、茁壮成长的儿童：学前期和学龄期

3~12岁，朝气蓬勃的儿童将迎来日新月异的成长。其中，3~6

岁为"学前期"，6~12 岁为"学龄期"。发展心理学大量的研究内容都以儿童发展为主题。

## 1 生理发展

学前期儿童身体快速发展，而大脑比其他身体部位发育得更快。儿童 5 岁时大脑的重量是成人的 90%，而身体只有成人的 30%；到 7 岁时大脑基本接近成人的脑重。大运动和精细运动的能力也都在进步，到 5 岁时能够掌握骑车和握笔等技能。

学龄期儿童身体则缓慢而稳定地成长，肌肉协调性和对身体的操纵能力都发展到了接近成人的水平。

## 2 认知发展

瑞士儿童心理学家让·皮亚杰对儿童认知发展理论具有里程碑式的贡献。他的研究揭示了儿童的思维方式是如何一步步上升，直至具有成年人的抽象思考推理能力的。

### 心理学家简介

**让·皮亚杰（1896—1980）**

让·皮亚杰是 20 世纪最伟大的儿童心理学家。在对生物学、哲学和逻辑学进行系统研究的基础上，皮亚杰结合对自己三个孩子的观察研究和实验，建立了一套儿童发展心理学理论。其理论的核心是"发生认识论"，系统、完整、开创性地阐述了儿童心理的发生和发展，对教育科学的理论和实践具有重要影响。

◆ **儿童适应环境的过程：同化与顺应**

皮亚杰认为，儿童的认知发展是不断建构图式的过程，而图式发展是通过**同化**和**顺应**实现的。

图式指人的经验和知识结构。大脑中存有的对事物概念、程序和关系等的认识，就像一个个"心理模具"，能够帮助我们处理信息、解决问题和建立预期[1]。

**同化**是把新经验纳入已有图式的过程。例如，我们现有"鸟"的图式是有羽毛、会飞的动物，当我们见到一只从未见过的有羽毛又会飞的动物，就把它归为鸟类。

**顺应**是改变和修正现有的图式，以纳入新经验的过程。如果有一天我们看见企鹅，知道了它不会飞但也属于鸟类，我们就要修改原有"鸟"的图式。

儿童通过同化和顺应来获得认知发展并适应环境。

◆ **儿童认知发展的阶段**

皮亚杰把婴儿到青少年期的认知发展过程分成了四个阶段。他认为，虽然不同儿童发展速度不一样，但经历各阶段的次序是一样的：

———————————

[1] 第十三章在人格的认知理论中介绍了"自我图式"的概念。

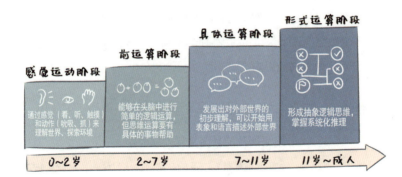

感觉运动阶段
通过感觉（看、听、触摸）和动作（吮吸、抓）来理解世界、探索环境

前运算阶段
能够在头脑中进行简单的逻辑运算，但思维运算要有具体的事物帮助

具体运算阶段
发展出对外部世界的初步理解，可以开始用表象和语言描述外部世界

形式运算阶段
形成抽象逻辑思维，掌握系统化推理

0~2岁　　　2~7岁　　　7~11岁　　　11岁~成人

◆ **对皮亚杰理论的评价**

对世界各地儿童发展的研究，以及脑神经发展的研究，都证实了皮亚杰提出的发展序列。他对儿童如何建构和获取知识的描述，在当时是开创性的，至今也仍有继续探索的价值。同时，皮亚杰理论在实践中给父母和教育者很多启示，例如，儿童不具有成人的逻辑，有自身观察和思考的方式；要积极引导儿童在活动中与环境互动，发展认知。

当代研究者对皮亚杰的理论主要提出了两方面的质疑：

一是发展是更加连续的过程，不同阶段之间并没有明确的界线，而是可能发生混合。

二是皮亚杰低估了儿童发展的能力，实际上儿童的一些能力发展得比皮亚杰提出的年龄更早。

▷ 例如，皮亚杰认为 1 岁之前的婴儿不理解"客体恒常性"，他们以为当一个东西在眼前消失的时候，这个东西就不存在了。但研究发现，3 个半月的婴儿就会对违背客体恒常性的事件表现出惊讶。

▷ 又如，皮亚杰认为 7 岁前的儿童是自我中心的思维方式，无法从其他人视角思考。但研究发现，4 岁的儿童已经能够理解别人有不同于自己的心理状态（这种能力称为"心理理论"）。

与皮亚杰同时期的前苏联心理学家利维·维果斯基则强调文化和社会对认知发展的影响。

📍 补充

### 维果斯基的社会文化发展理论

维果斯基认为，认知发展是社会交互的产物，文化对认知发展产生非常重大的影响。儿童与父母、老师和同伴的交往，为他们提供了宝贵的指引。

维果斯基的观点得到后来跨文化研究的证实，并获得进一步发展。其中两个对教育者富有启发性的理论是：

可能的发展水平

最近发展区

脚手架

现有的发展水平

● 最近发展区：超出儿童现有能力但是经过适当帮助后可以达到的水平，称为"最近发展区"。对儿童的教育，要着眼于最近发展区。

● 脚手：更有能力的人所提供的帮助，就像"脚手架"一样可以帮助儿童思考和解决问题，从而使其认知能力得到更快发展。脚手架能够帮儿童跨越最近发展区。一旦儿童能独立完成任务，脚手架就可以撤掉了。

### ③ 社会性 / 人格发展

儿童如何发展自我概念和道德感？父母的教养方式对儿童有何影响？

◆ **自我概念的发展**

学前期儿童的自我概念还不是非常精确，因此他们经常高估自己的能力，显得积极乐观。经过思维能力的进步和不断的自我审视，学龄期儿童的自我认识发生了巨大变化，他们会更多地从心理特质，而不仅仅是身体特征来看待自己，例如"我是一个乐于助人的孩子"。同时，儿童开始建立自尊，他们经历的成功与失败影响着他们对自己做出或积极或消极的评价。

◆ **道德发展**

道德指人们对人类行为正确与否的信念与价值判断。美国心理学家劳伦斯·柯尔伯格在皮亚杰理论的基础上提出了道德发展阶段理论。他通过实验收集儿童对"两难道德问题"所做出的回答（例如：贫穷的人为了挽救病重的妻子而偷药，是否应该？），根据这些回答的推理方式，将道德发展分成三个水平、六个阶段。

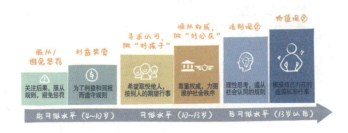

柯尔伯格认为，并不是每个人都会经历所有发展阶段，有的人可能到成年时仍然停留在寻求认可或顺从权威的阶段。

后续的研究在整体上支持了柯尔伯格的理论，主要争议和对其理论的发展包括：

▷ 道德阶段之间的界线并没有那么清晰，一个人在不同的情境下可能使用不同的道德推理方式。

▷ 道德判断并不都是理性的，往往会受到直觉和情绪反应的驱动。

▷ 道德判断不一定体现出道德行为，与其说一个人到达了某个道德阶段，不如说他学会了某种道德推理技能。

▷ 其理论主要基于男性，而女性的道德发展呈现出一些不同于男性的特点，例如，女性更重视对个体的同情。

◆ **父母教养方式的影响**

家庭环境与教养方式对儿童发展有非常重要的影响。心理学家将父母的教养风格分为四类，它们在"是否对孩子有要求"和"对孩子的回应性高低"两个维度上表现不同。

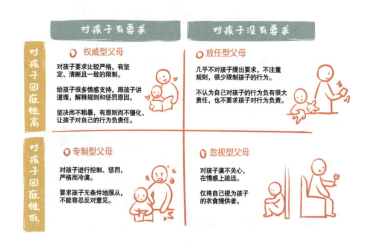

不同的教养风格往往导致孩子出现行为的差异。比如，权威型父母的孩子表现最好，自信、独立且善于与人相处；忽视型父母的孩子表现最差，情感漠视会阻碍孩子各方面的发展。要注意的是，儿童行为表现不一定完全取决于教养方式，儿童本身的气质特点、所处的社会文化标准和环境中的其他因素都会产生影响。

通过本章的学习我们可以看到，孩子的成长是一个循序渐进的过程，既有内在的规律，也受先天和环境因素影响。后天教育不可忽视，"拔苗助长"同样也不可取。

《园丁与木匠》

本书作者是国际级的儿童学习研究专家。她将两类父母分别比喻为园丁和木匠。园丁式父母为孩子提供温暖、有爱和安全的环境，基本上支持孩子按本性发展；木匠式父母则按自己的目标和"图纸"去雕刻和塑造孩子。作者用进化的视角、科学心理学的实证研究和哲学的深度，阐述了儿童与青少年学习成长和创造力发展的机制，揭示出为什么园丁式父母能培养出蓬勃向上、健康发展的孩子。

作者 ▶

【美】艾莉森·高普尼克（Alison Gopnik）

出版社 ▶

浙江人民出版社

## 回顾与思考

发展心理学的研究主题，可以横向划分为生理、认知与社会性 / 人格发展三个领域，纵向划分为产前期、婴儿和学步期、学前期、学龄期、青少年期和成年期六个阶段——本章梳理了前四个阶段各个发展领域的主要特点。

**请结合本章的内容，思考如下问题：**

? 和父母回忆一下你小时候的趣事，你还记得哪些经历？这些经历对你成年后的人生有什么影响？

? 观察你身边其他人的父母，他们是什么教养类型？他们的孩子表现出什么样的行为特点？（如果你已为人父母，可以分析一下自己孩子的气质、行为特点和自己对孩子的教养特点。）

# 第十五章

# 发展心理学（下）：
# 从成熟到衰老，
# 我们怎样走过一生？

在上一章中，我们一起了解了从产前到儿童期的生理、认知与社会性 / 人格发展过程。在本章，我们随时光继续前行，看看青少年期和成年的早、中、晚期又会发生哪些变化，并用埃里克森的社会心理发展理论将人的一生贯穿起来。

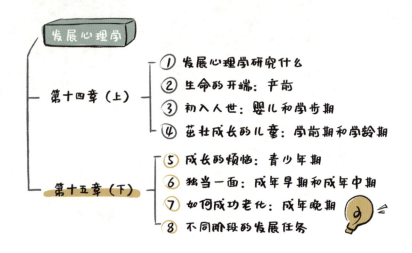

## 五、成长的烦恼：青少年期

由童年向成人过渡的阶段是 12~20 岁的青少年期，一个既美好又充满挑战与烦恼的时期。身体的快速成熟，对自己、他人和社会的深入思考，迈向独立的渴望以及初尝爱情的甜蜜与迷茫，共同谱写出青少年期的旋律。

### 1 生理发展

在 0~1 岁的第一个生长高峰后，青少年迎来了人生中第二个生长发育高峰。女孩和男孩分别于 10 岁和 12 岁左右进入快速生长期，身高体重迅速增长，体形明显变化。此外还有两个重要特征——性成熟和大脑发育。

#### ◆ 性成熟

一般来说，女孩在 11~12 岁，男孩在 13~14 岁，在性激素的作用下，性器官开始成熟，进入青春期。不同个体青春期开始的时间差异较大，往前或往后推几年都有可能。

### 💡提示

"青春期"与"青少年期"是不同的概念。"青春期"（puberty）也译为"性成熟期"，指的是到这一时期生理上开始具备繁殖后代的能力。

男女两性的性别特征（"性征"）显著发展，包括"第一性征"——生殖器官，以及"第二性征"——生殖器官之外用来区分两性的身体外部的特征，如女孩乳房发育、男孩喉结变大等。

这些变化会给青少年带来一些心理负担，例如对体形变化感到尴尬或不满。性激素的大量分泌影响情绪，是青春期敏感、易怒以及易抑郁的原因之一。

◆ **大脑发育**

从出生开始，大脑中的神经突触数量随着发育而增多，在学龄前达到顶峰。之后，用得很少的突触会被大脑自动剔除，这一过程叫**突触修剪**。它有利于优化神经网络，提高大脑信息传递效率。最大幅度的突触修剪发生在青少年期。

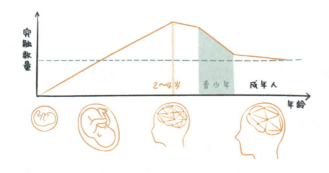

突触修剪使大脑灰质体积减小，而大脑白质体积却在增长，因为大脑在继续进行"髓鞘化"，神经传导性和连接性得到增强。

上面两个过程在前额叶皮质体现得最为突出。前额叶是负责思考、做出复杂决策和控制冲动的脑区，它使青少年得以实现更高级的认知发展。但是，前额叶是大脑最后完全成熟的区域，通常在25岁左右才能发育成熟，加上这个阶段更容易受到同伴影响，因此青少年容易做出一些特有的冒险和冲动行为，表现出半成熟半幼稚的矛盾性。

## 2 认知发展

青少年的理解能力、语言能力和记忆能力等都得到极大提升。他们可以思考抽象问题，并且掌握了逻辑推理的能力。此外，青少年在认知方面两个最突出的特点是元认知能力的发展和自我中心主义的高涨。

### ◆ 元认知能力

青少年心理能力极大发展的主要原因是元认知的发展。元认知是"对认知的认知"，是对自身思维过程的认识和监控能力。在儿童期的基础上，青少年元认知能力进一步发展，使他们能够用旁观者的角度，对自己的感知、记忆和思维活动进行审视和调整，更有效地解决问题。例如，他们对自己的学习和记忆能力有较为准确的评估，知道自己能完成多少任务；他们了解不同学习策略的作用，能够在不同情况下采用不同的策略，学习过程由外部监督转为自我调控[1]。

更强的元认知能力使青少年能更好地进行自省和自我觉知，因此自我意识也进入了一个新的发展阶段。

认知　　　元认知

---

[1]　在本书第六章讨论"如何更加有效地学习"时，我们介绍了元认知技能有助于改进学习方法。

### ◆ 自我中心主义

人类普遍有一种"自我认知偏差"[1]，即高估别人对自己的关注程度，青少年期的自我认知偏差更为高涨。

他们的内心世界很丰富，感觉自己是独一无二的，是其他人注意的焦点。他们常常想象别人对自己投射何种目光。例如，站起来发言的同学认为全班学生都注意到了自己脸上的青春痘，从而羞愧难当；在打篮球的男孩会觉得全场人都在注视着自己的表现，从而洋洋自得。

青少年对权威充满批判精神，想要特立独行，不愿听到别人的指责，因此显得叛逆和偏执。实际上，这种叛逆和偏执是青少年在这个探索阶段中生理和心理成长所表现出来的特点，更需要家庭和教育者的理解、包容和引导。

### 3 社会性/人格发展

从童年走到青少年，亲子关系会发生明显变化，青少年对同伴关系更加倚重，也会初涉亲密关系；同时，他们开始探索自我同一性。

### ◆ 家庭关系

青少年日益寻求自主与独立，对父母的依赖性减弱，厌恶被唠叨，更不希望被严厉管教。父母可能会明显感觉孩子不那么"听话"了，甚至不知道应该如何与孩子相处。

不过在爱和尊重的原则下，经过亲子关系的磨合，大多数家庭都

---

[1] 本书第十六章将对自我认知偏差进行详细介绍。

能够有效处理并减少冲突。父母给孩子更多的自由空间和独立性；孩子仍然尊重父母的经验（尤其是涉及自己的未来发展问题时），享受家庭的爱与支持。这种和谐的家庭关系有助于孩子缓解青春期压力。

◆ **同伴关系**

同伴群体对青少年的影响越来越大，同伴关系对青少年来说变得不可或缺，体现在多个方面：

▷ 青少年花越来越多的时间和自己的小群体在一起。是否被同龄人接纳，关系到青少年是否有归属感。

▷ 青少年通过与他人的比较认识自己；在探索自己身份的过程中，同伴扮演了非常重要的角色。

▷ 青少年很容易受到"同伴压力"的影响——使自己的行为和态度与同伴保持一致的压力。他们的服饰品牌、娱乐选择和行为模式等都受到彼此的影响。

▷ 青少年看待异性的方式发生了变化。在童年期，朋友几乎完全由同性构成，而到青少年期，则对异性有了更大的兴趣，通过聚会、联谊等方式与异性的交往也逐渐增加，最终可能发展为情侣关系。

◆ **自我同一性**

儿童时期开始形成的自我概念，在青少年时期进一步发展为探索"自我同一性"的任务。自我同一性是对自己多种角色的整合，将自己的过去、现在和未来纳入连贯一致的自我形象。

他们第一次对自己提出这些问题：我是谁？我想成为什么样的人？我应该遵循什么价值观？……

当青少年用自己的知识和经验去思考回答上面这些问题，做出尝试和选择，并"发现自我"，就能建立起较为稳固而积极的自我同一性，为成年期的良性发展打好基础。如果自我同一性消极涣散，他们则很难适应环境、做出自主选择，甚至会做出不被社会接纳的行为。根据埃里克森的"社会心理发展理论"[1]，青少年期的发展任务就是解决"自我同一性 vs 角色混乱"的问题。

心理学家对青少年进行调研后，发现他们有的已经通过积极尝试和思索，回答了"我是谁"和"我想做什么"的问题；有的正在

———————————————

[1] 本章最后一部分将介绍这一理论，阐释人在各个阶段的发展任务。

探索，或者根据别人的看法做出了决定；而有的则不清楚也不在乎这些问题。青少年自我同一性的发展存在以下四种情况：

▷ **获得同一性：**经过积极思考与探索，已经明确了自我发展方向，并且投入其中。

▷ **尚在寻求：**虽然进行了探索，但还在各种选择中犹豫，尚未做出选择和投入。

▷ **提早成熟：**没有经历自身的危机或探索就过早地投入，且往往遵循的是他人的期待或决定。

▷ **同一性涣散：**没有思考和探索未来的方向，也没有做出选择和投入。

## 书籍推荐

### 《青春期的烦"脑"》

这是一本从脑科学角度解读青少年行为和心理特点的书。作者詹森既是神经科学领域专家，又是两个孩子的母亲。本书基于对青少年大脑发育的最新研究成果，结合大量数据和案例，分析了青少年在学习、睡眠、压力、成瘾和心理问题等方面的特点及其原因，并提出如何科学地应对青春期挑战。

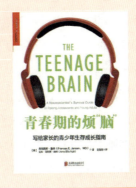

**作者 ▶**
【美】弗朗西斯·詹森（Frances E. Jensen）
艾米·艾利斯·纳特（Amy Ellis Nutt）
**出版社 ▶**
北京联合出版公司

## 六、独当一面：成年早期和成年中期

20 岁之后进入成年期。成年期又可以分为三个阶段：成年早期（20~40 岁）、成年中期（40~65 岁）、成年晚期（65 岁以上）。这部分介绍成年早期和中期，下一部分介绍成年晚期。

### ⊙ 补充

随着人们受教育年限的增加以及婚育年龄的推迟，有心理学家提出在青春期和成年期之间，还有一个过渡阶段为**"成人初显期"**：在 18~25 岁，生理已经成熟，但是还没达到完全的社会独立，不被责任、承诺和义务所束缚，尚处于探索学业、职业、亲密关系和世界观等的阶段。

### 1 生理发展

20 岁出头的几年是一个人体力和脑力的巅峰，享受着最好的身体状态和最为敏捷的思维。几年后，身体开始缓慢而稳定地走下坡路：感觉不再那么敏锐，皮肤弹性变差，肌肉逐渐减少，脂肪逐渐增加。

女性在 45 岁左右进入更年期，激素改变不仅使月经停止，还可能带来潮热、头痛和困倦等症状；男性虽然没有"停经"之说，但同样可能在 50 多岁面临男性更年期的一些问题，如前列腺肥大造成的排尿问题。

听起来是否有点令人沮丧？不过好消息是，我们仍旧可以通过健康的生活方式让身体保持好的运转状态。当然，要将这些耳熟能详的健康生活方式坚持下来并不容易，如摄入均衡的营养、保证良好的睡眠、保持规律运动等。

## 2 认知发展

在儿童和青少年期发展的认知能力，到成年早期时，由于进入社会、面临复杂情况而具备新的要素，得到进一步历练。

根据皮亚杰的认知发展理论，11 岁到成年期，人类的认知进入"形式运算阶段"，形成抽象逻辑思维，掌握了系统推理，思维本质基本定型。但后来的发展心理学家提出，成年期的思维并不止步于逻辑判断，而是会发展辩证思维，考虑责任和可行性，运用思维能力解决现实问题。

## 3 社会性/人格发展

成年人面临着现实世界的诸多挑战。在本书第十九章《应激反应：如何认识与面对压力？》中我们会看到，成年早期有不少"生活事件"会带来压力，比如就业、结婚、生育以及赡养老人，等等。

40 岁之后的成年中期，往往给人以"中年危机"的印象——对工作厌倦、对婚姻不满、不幸福、焦虑……但是，和大众认知不同，心理学家在大样本的调查中并未发现这种"危机"程度的心理混乱在中年阶段普遍存在。大多数人的中年期其实相对平静。尤其是对于孩子已经独立、自己事业稳定，并且有时间参与社会活动的中年人来说，这个时期的生活满意度并不低。

在一项调查中，大约有 1/4 的男女反映自己经历了中年危机，关键原因是遇到疾病、失业或婚变等重大事件。人们之所以对"中年危机"印象深刻，可能是因为中年经历波动的人更容易被注意到，而那些平静度过的人就没那么引人注目了。

## 七、如何成功老化：成年晚期

我们或多或少都会想象自己老去的样子，或是带着对未知的好奇，或是带着对死亡的恐惧。对老年发展的研究使我们看到，纵使年华老去，青春不再，生命依然可以焕发光彩。

**1 生理发展**

老年期的衰老和疾病风险使得老年人普遍更加关注自己的健康问题。

◆ **衰老**

衰老不可避免地带来白头发和皱纹等外观上的改变。在身体内部，大脑变小、变轻，各个系统机能下降，感觉器官发生明显衰退，导致视力、听力、嗅觉和味觉退化。

适当的有氧锻炼可以让老年人保持活力和健康，不健康的生活习惯则（如吸烟）会加速人的衰老。

◆ **疾病风险**

随着免疫系统和其他系统的衰退，老年人更容易受到心脏病、癌症、中风、关节炎和高血压等疾病的困扰。认知方面的疾病（如阿尔茨海默病）会带来非正常的记忆缺失和智力下降，老年抑郁等心理问题也值得关注。

## 补充

虽然老年人在生理上面临各种挑战，但大多数老年人在调查中报告，自己觉得比实际年龄年轻很多。这种"愿望性思维"有助于建立积极心态。

## 2 认知发展

大脑功能的衰退使老年人的记忆能力和解决复杂问题的能力降低，但是通过社会文化经验获得的智力则较为稳定。

### ◆ 记忆

虽然老年人的情景记忆（对往事的回忆）会下降，但语义记忆（对语言和知识的回忆）和程序性记忆（已经习得的技能）基本上不会丧失①。因此，很多杰出的钢琴家老年时仍能进行高质量的演奏。

老年人生成新的记忆比较困难，学习新知识、新技能的速度变慢。不过，老年人仍有学习新技能的意愿和能力，比如现在很多老

---

① 长时记忆的类型可参见本书第七章。

人也学会了使用手机社交软件，可谓是"活到老学到老"。

◆ **智力**

老人会"变笨"吗？这取决于看问题的角度。

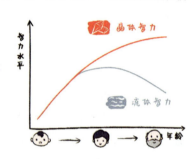

**知识链接**

本书第十二章《智力："聪明"真的可以测量吗？》介绍了卡特尔的智力理论，他将人的智力分为"流体智力"和"晶体智力"：流体智力是在信息加工和问题解决过程中表现出来的能力，如归纳演绎的能力，在 20 多岁达到顶峰，30 岁以后就开始下降；晶体智力是一个人获得知识的能力和已有的知识水平，取决于后天学习和社会文化，在人的一生中不断积累。

虽然老年人的流体智力比不上年轻人，但在晶体智力上，老人反而更有优势。

对于老年人来说，心智能力同样是用进废退，坚持进行智力方面的练习或者从事有一定智力挑战的活动，能够缓解认知衰退。

**3 社会性／人格发展**

想到老年时将要面对生理和认知上的力不从心，年轻人展望未来生活时往往不乐观。那么老年群体的实际情况如何呢？怎样才能在老年时保持幸福感？

◆ **家庭和友谊**

照顾生病的伴侣和面对伴侣的离世是许多老年人不得不面对的痛苦经历，此时家庭中的其他成员是重要安慰来源。老人希望自己仍对子女有帮助，有时还会承担照顾孙辈的任务，获得情感上的支持。

晚年的友谊很重要，同龄人的陪伴和互助能够提供社会支持，帮助老人找回生活中的控制感，弥补伴侣的缺失。尤其是建设性的社交网络（如参与学习组织、志愿者组织等），更有助于老年人积极融入生活。

◆ **幸福与"成功老化"**

对世界各地人们的调查发现，"幸福感"与年龄无关，65岁以上的年龄组并没有比其他年龄组更不快乐。这是因为人类有自我保护和适应机制，老年人也不例外：研究发现，老年人更留意积极信息，更多地使用积极情绪词汇，更少地关注消极信息。

"成功老化"强调晚年身心功能健康、日常生活功能和认知功能正常、无抑郁症状、有良好的社会参与能力。"老有所为"在成功老化中起重要作用：老年人可以从事对家庭和社区有贡献的活动，包括志愿工作、有酬或无酬的劳动，以及接受终身教育以提升知识和技能，等等。要实现老有所为，除了老年人自身的积极投入外，还需要社会提供包容和友好的环境。

## 八、不同阶段的发展任务

至此，我们已经学习了人一生中各个阶段的主要变化特点。在此用美国心理学家爱利克·埃里克森关于人格的"社会心理发展理论"将人的一生贯穿起来。

 **婴儿（0~1.5岁）信任vs不信任**
- 婴儿通过父母的温暖和关怀建立基本的信任感；
- 反之会出现焦虑和不安全感。

 **学步期（1.5~3岁）自主vs羞怯怀疑**
- 鼓励孩子探索世界、尝试新本领，能够促使他们产生自主的意识；
- 如果对孩子过度保护或嘲笑，他们会产生自我怀疑。

 **学前期（3~6岁）主动vs内疚**
- 让孩子自由地做游戏、选择活动，能强化他们的主动性；
- 如果严格限制孩子，他们会因为害怕出错而对主动行为感到内疚。

 **学龄期（6~12岁）勤奋vs自卑**
- 小学阶段的儿童如果成功应对学业和人际方面的挑战，会获得信心与能力感；
- 如果他的勤奋得不到鼓励，难以正确对待困难或失败，就会产生自卑感。

 **青少年期（12~20岁）同一性vs角色混乱**
- 青少年如果能把自己的多种"角色"在自我感觉上整合起来，就会发展出对自我一致的感觉（同一性）；
- 否则会面临角色混乱的迷茫，不知道何去何从。

 **成年早期（20~40岁）亲密vs孤独**
- 成年早期通过关心他人并与之同甘共苦，建立真正的亲密关系；
- 如果无法与他人建立亲密和有承诺的关系，则会陷入深深的孤独感。

 **成年中期（40~65岁）传承vs停滞**
- 成年中期通过关心他人幸福并做出贡献，得到传承感，例如关注家庭、社会和后代，或者从事有成果和创造性的工作；
- 如果只关注自己的需求和舒适，则缺乏意义，会产生停滞感。

 **成年晚期（65岁+）自我整合vs绝望**
- 一生充实和有责任感，回顾人生时，能带着尊严面对衰老和死亡；
- 如果带着很多遗憾看待从前，会由于挫折和绝望而恐惧消沉。

埃里克森将人的一生分为八个阶段，他认为，每个阶段都有一种危机需要解决。这里的"危机"不是危急事件，而是个人冲动与社会现实之间的冲突，是发展的重要转折点。如果成功解决，则完成了这个阶段的发展任务，可以顺利进入并应对下一个阶段。

埃里克森首次提出了终身发展的详细模型，对发展心理学有杰出的贡献，至今仍指引着大量的研究。他的理论既揭示出儿童早期经历与成年之后人格的关系（发展的连续性），也阐述了每个阶段的挑战如何促进毕生的人格发展（发展的变化性）。

对埃里克森理论的主要争议是：其理论主要来自临床经验的总结，而非基于严格的科学方法；发展过程不一定能划分出清晰的阶段，而可能是渐进的、连续的，是量的积累。

## ♀ 补充

### 阶段理论 vs 连续理论

这两章介绍的皮亚杰认知发展理论、柯尔伯格道德发展理论以及埃里克森社会心理发展理论都属于"阶段理论"。阶段理论认为，不同的年龄阶段会有不同的行为模式，每一个阶段会维持一段相对较长的时间，然后较为迅速地转变到下一个阶段。与之相对的"连续理论"则认为，发展是缓慢而连续的过程。

尽管阶段理论存在过度简化发展过程的问题，但它们仍提供了观察毕生发展的视角，让我们能够把握某一年龄段的主要特征。

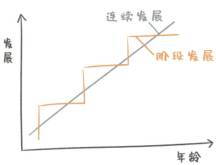

## 💡回顾与思考

我们继续上一章的发展旅程，在本章中了解了青少年期、成年早期、成年中期和成年晚期在生理、认知与社会性／人格方面的主要发展特点，并用埃里克森的社会心理发展理论重新审视了一生中各个阶段要解决的发展任务。

**请结合本章的内容，思考如下问题：**

❓ 你自己正处于人生的哪个阶段？你觉得本章介绍的该阶段的发展特点在自己身上是如何体现的？

❓ 你如何看待"青春期叛逆""中年危机"等社会热门话题？它们为什么会广受关注？

❓ 你认为老年人应该如何克服挑战，让晚年生活丰富多彩？

第十六章

# 社会认知：
# 我们如何看待彼此？

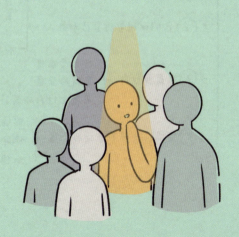

美国开国元勋之一本杰明·富兰克林在议会中有一个对头，一位与他政见不同的议员。为了缓和关系，取得对方的支持，富兰克林写信向他借一本稀有的书。借到书并且读完之后，富兰克林在一周内归还并写了郑重的感谢信，此后两人化敌为友。议员借书给富兰克林的行为，改变了他此前对富兰克林的态度。相比那些被你帮助过的人，曾经帮助过你的人会更愿意再帮你一次——这个现象被称为"富兰克林效应"。行为如何改变态度，正是社会心理学研究的内容之一。

接下来的三章——社会认知、社会关系与互动、社会影响——都是社会心理学的内容。在本章中我们先了解社会心理学概貌，再探讨下面这些**社会认知**话题：人们如何看待自己和他人？态度与行为之间如何互相影响？偏见如何产生与消除？

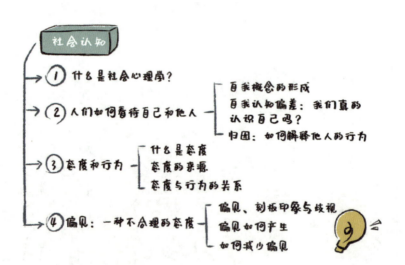

## 一、什么是社会心理学

在第十三章，我们了解到不同**人格**的人有不同的行为风格。在人格心理学家看来，特定情境下不同的人之所以表现出不同的行为，是由于其持久而内在的人格特质。

而社会心理学更加看重**情境**因素对个体行为的影响，关注的是不同的情境之间到底有什么差别导致人们的表现大不相同。为什么一个平时安静内向的人，会在演唱会上疯狂蹦跳呐喊？一个人单独做事效率高，还是一群人一起做事效率高？人们会为了与他人保持一致而做出不合乎常规的事情吗？什么情况下人与人更容易相互吸引？……

的确，我们的思想、情感和行为，时时刻刻都受到他人（或想象中的他人）的影响。社会心理学研究人们如何在社会情境中看待自己、他人和世界（社会认知），如何与他人相互关联（社会关系与互动）以及如何互相影响（社会影响）。本章讨论"社会认知"，下面两章分别讨论"社会关系与

互动"和"社会影响"。

本书第一章提到,心理学是"研究行为和心理过程的科学"。在"心理学"前加了"社会"二字后,研究的还是人的行为和心理过程,但更关注人们在社会情境下如何思考、感受和行动。

## 二、人们如何看待自己和他人

人们对自己和他人的看法是在社会中形成的,并且普遍存在着一些自己难以意识到的偏差。

### 1 自我概念的形成

我们如何认识自己?可以通过多种途径,例如自我反省和行为分析,但自我概念的形成更大程度上受到社会的影响,包括:

▷ **外部信息反馈:** 他人评价和对待我们的方式会影响我们的自我认知。比如,如果经常有人来找你倾诉,你会觉得自己是个善于倾听的人。

▷ **社会比较:** 我们通过与他人进行比较来理解和判断自己,发现自己擅长或者不擅长什么。

▷ **文化和社会环境:** 集体主义文化下的个体对自己的定义会包括和别人的联系;而个体主义文化下的人更关注自己的独特品质。

**2** 自我认知偏差：我们真的认识自己吗？

我们对自己的认识都是准确的吗？并不是。实际上，人类很擅长自欺欺人，自我认知中常常会出现偏差与误解。

◆ **聚光灯效应和透明度错觉——高估别人对自己的关注程度**

当你换了新发型或者穿了新衣服之后，是不是觉得大家都会注意到？"别人都在关注我"的这种想法，叫**聚光灯效应**。

当你在台上紧张地演讲，是不是觉得大家都发现你很紧张？"我的情绪被人发现了"这种想法，叫**透明度错觉**。

过度关注自我，会导致在社交场合放大自己的问题，害怕自己遭到异样的目光。实际上，别人并没有我们想象的那么关注我们。

◆ **自利偏差——"成功多亏我，失败怪外因"**

在解释与自己有关事件的原因时，我们会不自觉地选择有利于自己的方式：把成功归结于自己的努力和能力，把失败归结于外部因素，如"运气不好"或"任务太难"。这种解释成功和失败的方式是**自利偏差（也称自我服务偏差）**导致的，它是人们提升自我形象、进行自我保护的一种心理机制。

在与别人比较时，也会出现自利偏差——高估自己各方面的品德和能力，觉得自己比别人更有道德、工作能力更强、驾驶技术更高，甚至评价自己更客观、更不会受这些认知偏差的影响！

这一现象不禁让人想起弗洛伊德的一个经典笑话。一个丈夫对妻子说："如果咱俩中的一位去世，我想我会搬到巴黎去住。"

——戴维·迈尔斯，

《我是谁——心理学实证研究社会思维》

◆ **虚假一致性错觉和虚假独特性错觉**

我们往往认为别人的观点、想法和选择与我们一致，这种倾向就是**虚假一致性错觉**。当你被一只猫萌化了的时候，你会觉得："有谁能不喜欢这么可爱的小猫咪呢？"实际上并不是所有人都喜欢猫。

在能力和品格方面，我们则容易高估自己的独特性，这是**虚假独特性错觉**。例如，人们常常觉得自己是与众不同的，认为自己喜欢小众乐队是品位独特的，或者觉得自己能完成某件事情是了不起的。

以上这些偏差显示出了人类让自己感觉良好的强烈需求，在某种程度上是一种"实用的智慧"。但是当你意识到自己和他人都不可避免地会有这些错觉时，就能更为客观地看待事情了。

### 3 归因：如何解释他人的行为

我们通过找出他人行为的原因来评判他。推断行为原因的过程在心理学中被称为**归因**；描述我们如何解释行为原因的理论就是**归因理论**。

◆ **归因理论**

日常生活中，我们把人们行为的原因归为内部原因（如一个人的性格）或外部原因（所处的情境因素）。

在内外部归因的基础上，心理学家进一步提出了不同的归因理论。例如"三维归因理论"说明了人们如何利用三类信息解释别人的行为——一贯性、一致性和区别性信息。

比如，你的室友通宵达旦地玩一款游戏，你会考虑：

▷ **一贯性**信息：他是否总是出现类似的行为——他是不是经常熬夜玩游戏？

▷ **一致性**信息：他的行为和其他人的行为是否一致——其他人也在熬夜玩这款游戏吗？

▷ **区别性**信息：他是否只对这一种情境做出这种反应——他还熬夜玩其他游戏吗？

根据对不同信息的考虑，我们可以得出不同的结论：

| | 一贯性：他一直这样吗？ | 一致性：别人也这样吗？ | 区别性：他还痴迷于其他游戏吗？ | 结论 |
|---|---|---|---|---|
| 情境1 | ✓ | ✗ | ✓ | 他痴迷于游戏 |
| 情境2 | ✓ | ✓ | ✗ | 这款游戏太吸引人了 |
| 情境3 | ✗ | ✗ | ✗ | 他可能有心事，在散心 |

◆ **基本归因错误：高估人格因素，低估情境因素**

我们做出的归因准确吗？并不，很多时候存在着错误和偏见，其中最常见的被称为**"基本归因错误"**，高估特质因素而低估情境因素。也就是在推测他人行为的原因时，我们习惯于认为这是他内在特质的直接反应。例如，看到一个人发脾气，我们往往会觉得他脾气暴躁，而不考虑是否有什么特殊情况。

为什么会出现基本归因错误？主要是**观察视角**导致的。当我们观察别人行为时，重点在那个人身上，而忽视情境；当我们自己是行为主体时，则会更关注情境。因此，避免基本归因错误的有效方法是换位思考：当你的角度从观察者变成行动者，就能更好地理解情境的影响了。

💡**提示**

当我们对自己的行为归因时，则不适用于基本归因错误，而是取决于事情的结果——成功归因于自己的特质，失败归因于外部环境，即前文提到的"自利偏差"。

## 三、态度和行为

不管是否意识到，我们对周围的人事物都持有某种态度，这些态度会影响我们的行为。反过来，行为也可能改变原有态度。

态度是人们对人、事物和观念做出的积极或消极反应的倾向

性，包括了**认知**、**情感**和**行为倾向**三个成分。

根据是否被意识到，态度可以分成外显态度和内隐态度：

▷ **外显态度：**自己意识到的态度。"自我报告"方式可以测量外显态度，但人们有时受制于外部因素而隐藏或谎报自己真实的态度。

▷ **内隐态度：**没有被意识到的态度。人们的一些偏见很可能是内隐态度。心理学家用"内隐联想测验"来测量内隐态度。在测验中，人们将两类事物分别联系到积极或者消极词汇，联系速度的差别能够揭示出内隐态度。

## 研究

**内隐联想测验**

1998 年，美国心理学家用典型的黑人姓氏和白人姓氏，以及积极和消极的形容词作为材料进行测试，结果显示，被试倾向于迅速把白人和积极的形容词相联系，把黑人和消极的形容词相联系。

**2 态度的来源**

态度并非与生俱来，而是人们通过生活经历或者从他人那里学习得来。态度的来源包括：

▷ **直接经验：**自己的生活体验，例如对榴莲的嗅觉和味觉判断。

▷ **观察学习**：模仿他人的态度和行为，例如，虽然没有吃过榴莲，但是看到了别人吃榴莲之后的评论和反应。

▷ **教育和媒体**：通过接受教育，间接获得了许多态度。媒体上的信息会在潜移默化中影响我们的态度，例如媒体的减肥广告向受众传达了"瘦就是美"的态度。

> ### 3 态度与行为的关系

态度与行为互相影响：态度有可能表现为行动，但行为也可能偏离态度；而且，行为还会影响态度。

◆ **态度是否会表现为行动？**

行动有可能与态度一致，比如对于你不喜欢的一类人，你可能会对他们表现出不友善的行为。有时候这二者不一致，比如一个口口声声说要减肥的人却还是经常吃高热量的零食。

那么态度什么时候会表现为行动呢？受到以下因素的影响：

▷ 态度越强烈，越能表现为行动。"死忠粉"会坚定地支持自己的偶像，"路人粉"则不然。

▷ 态度越具体，越能表现为行动。一个人说自己"喜欢运动"，有可能不一定经常运动；但如果具体一点，说自己"喜欢跑步"，那他经常跑步的可能性更大。

▷ 基于直接经验而不是道听途说的态度更可能表现为行动。

▷ 外在压力小时，态度对行为影响大。而面对较大社会压力时，人们会做出符合既有规范的行为，自身态度则对行为影响小[1]。

---

[1] 我们将在本书第十七章看到外在影响力的强大作用。

## ◆ 行为会影响态度吗？

态度并非单向地影响或决定行为，反过来，行为也可以影响态度。开头提到的富兰克林的故事即为一个例子：议员在做出借书给富兰克林的行为后，也卸下了自己对他的敌意。

### ▷ 认知失调理论

为什么行为能够影响甚至改变态度？美国心理学家利昂·费斯汀格提出了认知失调理论。

人们总想保持认知和行为的一致性，当出现不一致时，会感到"失调"，出现不适的感觉。为了减少或消灭这种不适感，需要让二者保持一致：调整行为，或者调整态度。很多情况下，行为已经发生或者难以改变，人们便会通过改变态度来使行为合理化。

## 🧪实验

### 认知失调

费斯汀格让参与实验的被试做一些非常无聊的任务（比如不断绕线又解开）。任务结束后，实验人员告诉被试，由于人手不够，希望被试能够提供帮助，对下一个被试撒谎说这项任务很有意思。其中一半的被试获得了 1 美元的报酬，另一半获得了 20 美元的报酬。

之后询问他们对实验任务的态度，结果发现，获得 1 美元报酬的被试比获得 20 美元报酬的被试认为实验任务更有趣！

以上实验中，获得 20 美元的被试可以接受自己为 20 美元撒了个小谎。而对于只获得 1 美元的被试，如果承认"我为了 1 美元撒谎"，会产生不舒服的感觉。因此他们就改变了态度，真心认为这个实验有趣，并如此告诉下一个被试。这是一个自我说服的过程。

### ▷ 合理化自己的行为

"合理化"就是为了缓解认知失调找借口。日常生活中有很多这样的例子，比如难以戒烟的人，会通过各种想法将抽烟行为尽量合理化，从而改变"吸烟有害健康"的认知。

### ▷ 登门槛现象

认知失调理论对"登门槛现象"也有解释力：

一开始你答应帮别人一个小到很难拒绝的忙，之后就更有可能帮他更大的忙。因为你如果拒绝后面的要求，会产生认知不协调的压力，于是就倾向于继续帮忙来消除压力，以维持自己前后一贯的好形象。

这个现象被推销员广为使用——例如，他们一开始并不向客户直接提出销售要求，而是请客户抽点时间听一下介绍或者看一下展示，或者建议客户试用，之后再一步步达成销售。

## 四、偏见：一种不合理的态度

> **1** 偏见、刻板印象与歧视

偏见指针对一个群体的不合理的态度，通常是负面的。刻板印象和歧视与偏见有着密切关联。

◆ **偏见的成分**

上文提到，态度包括认知、情感和行为倾向三个成分。同样，偏见作为一种态度，也包括这三个成分：

▷ **认知成分：** 偏见的负面评价通常源自刻板印象——对某一群体特征的简化概括，例如认为超重人群都是懒惰和缺乏自制力的。我们将在下面分析刻板印象的形成及影响。

▷ **情感成分：** 偏见的情感成分通常是讨厌、敌意或者恐惧。

▷ **行为倾向成分：** 偏见在行为上往往表现为歧视。歧视是基于出身或社会分类对某些个体或群体的区别对待，包括回避、不平等对待、控制，甚至暴力等行为。社会中存在的歧视包括种族歧视、性别歧视、地域歧视、职业歧视和年龄歧视等。但由于态度与行为可能不一致，也存在"有偏见而无歧视行为"或者"有歧视行为但没有偏见"的情况。

### ◆ 刻板印象

我们看见一个人时，会本能地把其归到某个类别或群体，例如"这是一个男性"（根据性别分类）、"他是一个大学生"（根据职业身份分类）。这个过程几乎是无意识和自动化的。

刻板印象是对群体特征的简化概括。这种概括大致准确，可以帮助人们在极短时间内形成对他人的认知，但有时候容易忽略群体成员的差异。例如，认为女人都是柔弱的，男人都是刚强的，就是一种性别刻板印象。有些刻板印象会过度概括，甚至用少数个例来推断群体特点，因此存在明显偏差，如地域刻板印象。

当你担心别人以负面刻板印象来评价自己时，会感受到更大的压力，影响表现，这个现象叫"刻板印象威胁"。例如，"女生学不好数学"的刻板印象，让很多女生认为自己缺乏数学天分，甚至不再努力，陷入"自我实现的预言"的恶性循环。

### 知识链接

"自我实现的预言"指当人们相信一件事情时，行为也会受到影响，从而导致结果与预期的方向一致。本书第二章《研究方法：传言跟科学的差别在哪里？》介绍了罗森塔尔关于自我实现的预言的实验。

### 2 偏见如何产生

偏见来源于很多方面，包括认知、动机和社会：

### ◆ 认知根源

人们的自动化分类和群体

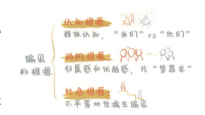

偏见的根源

认知根源：群体认知，"我们"vs"他们"

动机根源：归属感和优越感，找"替罪羊"

社会根源：不平等地位产生偏见

认知的倾向，是偏见的认知基础。对每个人来说，自己所属群体的人构成"内群体"（我们），群体之外的人构成"外群体"（他们）。即使是玩游戏时临时将一群人随机分为两个组，人们也会立即感受到内外群体之别。而且，上文提到的"基本归因错误"常常让人们将弱者、受害者或失败者的困境归因于他们自身的问题，并对他们进行指责和贬低。

◆ **动机根源**

人们需要归属感和优越感，希望通过群体的优越来获得自尊，因此更认同和偏爱自己的群体，排斥其他群体。当群体之间为稀缺资源而竞争时，受挫方可能将敌意转移到更为弱势的群体（"替罪羊"）上，典型的例子就是失业的本土人士对移民的偏见。

◆ **社会根源**

社会地位不平等现象广泛存在，具有权力和财富优势的阶层为了合理化自己的特权，形成对弱势阶层的偏见，例如认为贫困群体的境况是基因方面的缺陷或者后天不努力造成的。特权阶级制定的社会制度（如种族隔离制度）可能会强化这些偏见；从众的倾向也会使得偏见维持下去①。

### 3 如何减少偏见

偏见源于种种诱因，而持有偏见的人会选择性地接受信息，并自我强化偏见，因此消除偏见很困难。但是仍然存在减少偏见的可能：一方面需要针对制度性因素做出变革，另一方面需要创造条件

---

① 详见本书第十八章对从众的分析。

让不同群体在平等条件下直接接触，以及为共同目标协作。

◆ **接受教育**

很多时候偏见来源于知识和见识的缺乏，通过让人们接受更多的教育，让他们了解外群体的方方面面，可以有效地减少偏见。

◆ **平等的直接接触**

友谊是消除偏见的良方，如果你有一个外群体的朋友，在你们有直接和近距离接触后，你对外群体的偏见就会减少。

📖书籍推荐

**《偏见的本质》**

本书作者是社会心理学一代宗师、人格心理学之父奥尔波特。在这本百科全书式的开创性著作中，奥尔波特全面深入地梳理了偏见产生的认知因素、动机因素以及社会文化过程，并且从个体发展和人格结构角度考察了偏见的成因，在社会政策层面提出了偏见治理的路径。出版数十年后，本书对当今社会和政治现实中的种种问题仍有深刻的指导意义。

作者 ▶
【美】戈登·奥尔波特（Gordon W. Allport）
出版社 ▶
中国人民大学出版社

## ⓠ回顾与思考

社会认知构建了主观的社会现实：我们在社会情境中形成对自己和他人的看法，这些看法中普遍存在着一些我们难以意识到的偏差。

人的态度与行为互相影响：态度有可能表现为行动，但行为也可能偏离态度；而且，行为还会影响态度。偏见作为一种典型的负面态度，会对社会交往产生消极作用。

---

**请结合本章的内容，思考如下问题：**

❓ 回顾你在生活中出现过哪些自我认知偏差和对他人行为的错误归因？是在什么情况下产生的？

❓ 你是否产生过"认知失调"的感受？你如何进行调整以缓解这种状态？

❓ 你认为目前社会上存在哪些较为流行的偏见？这些偏见是如何产生的？

第十七章

# 社会关系与互动：
# 我们如何与他人相处？

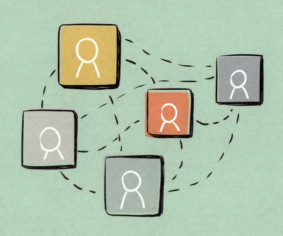

20 世纪 60 年代，哈佛大学心理学教授斯坦利·米尔格拉姆进行了一个连锁信件实验：把信件随机发给住在美国各城市的一些居民，要求每名收件人通过自己的朋友将信寄给目标收件人——波士顿一名普通的股票经纪人。结果，大部分居民都完成了任务，每封信平均经手 6.2 次到达目标收件人手中。他据此提出"六度分隔理论"，认为世界上任意两个人之间最多只要通过六个人就能建立联系。尽管这个研究设计得并不是非常严谨，但它传递了一个重要的观点：任何素不相识的人，总能通过一定途径产生关系。

社会关系像一张网连接着我们。人与人在什么情况下会互相吸引、建立良好和亲密的关系，甚至无私助人呢？又是什么原因导致了攻击和冲突行为呢？

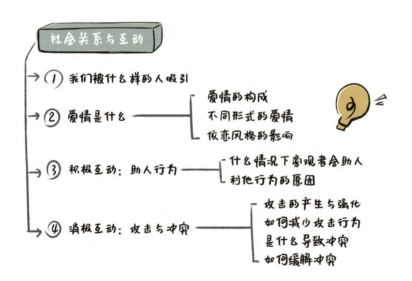

## 一、我们被什么样的人吸引

人们之间的吸引力并非难以捉摸的"缘分"，而是有规律可循，我们喜欢的人大体上是：具备某些良好特质的人；我们接近和熟悉的人；与我们相似或有关联的人；喜欢我们的人。

### 1 吸引力特质：外貌、能力与温暖

很多人都认为自己不会以貌取人，但外貌的影响往往超出我们的想象，不管在同性还是异性之间。漂亮的人更容易被关注、受欢迎，

并获得帮助。当一个人特别美丽时，外貌优势像一个光环，让人觉得其各方面都很优秀，这就是"晕轮效应"。

如果说外貌是初识阶段的敲门砖，那么能力与温暖则是相处阶段的助推剂。有能力的人往往被青睐，这里的能力包括智力、社交技巧等。温暖的特质具有持续的吸引力，让身边的人如沐春风。

但过于优秀也可能会让别人的自我价值感受到威胁，引发别人的嫉妒。因此当优秀的人犯一些小错误时，反而更招人喜欢，因为这样会拉近与别人的心理距离，不再让人"敬而远之"。

## 🧪实验

### 哪种人更受欢迎

把被试随机分为两组，让他们分别听两个不同的录音带。第一组被试听到的是一位几乎答对了所有问题的优秀学生，第二组被试听到的则是一位表现平庸的学生。让被试给录音中的人根据印象进行打分，结果发现，优秀者确实比平庸者更受欢迎。

有趣的是，在第一组被试中，其中一部分还听到优秀学生在测试结束后不小心把咖啡洒在了自己的衣服上，结果被试对他的喜欢程度更高。当表现优异者出现一点疏忽时，反而比他没有失误时更受喜爱！

### 2 接近性与熟悉性

近水楼台先得月，我们的朋友或伴侣，往往是同学、同事、邻居或者同一社团组织中认识的人。在空间上距离越近，人际交往花费的时间和金钱等资源就越少，也越能让双方对关系产生积极预期。

## 💡提示

互联网时代的接近不再指空间距离，而是有新的含义，日常讯息的频繁沟通带来的是心理上的接近。

接近使彼此更熟悉，我们一般偏好自己熟悉的人和事物。研究发现，无论是无意义的单词还是他人的照片，呈现的次数越多，人们越喜欢。

## 🧪 实验

**曝光效应**

实验者在大学课堂中安排了一些女助手，这些助手在上课前会走进教室，安静地坐在第一排，其间不与老师和同学互动。一学期中，不同女助手来课堂的次数为 0~15 次。

学期结束，老师在幻灯片上播放这些女助手的照片，让同学们评价她们的吸引力。结果发现，出现次数越多的女助手被认为越有吸引力。这种"经常出现就能增加喜欢程度"的现象称为曝光效应。

当然，曝光效应也有一个限度，如果本来就是令人不快的人或事物，曝光次数越多，反而越会引发厌恶。

### 3 相似性与关联性

上一章提到，人有"自利偏差"，需要让自己感觉良好。在吸引力方面同样如此：对于与自己相似的或有关联的人与事物，我们更喜欢。

物以类聚，人以群分，态度和价值观相似的人更容易相互吸引。在人际交往中，如果对方感到你与他有许多相似性，便能很快地缩小与你的心理距离。心理学家发现，人们在与他人互动时会无意识地模仿对方，因为这种相似性会增加对方对自己的好感。

人们在潜意识中偏爱与自己有关联的东西，例如自己姓名中的字或者自己生日的数字。如果一个素未谋面的人跟你同姓或者同天生日，那么你更容易对他产生亲近感。

**4 情感回馈性**

归属感是人类的重要需求，我们希望被别人欣赏和接纳。对于喜欢我们的人，我们也会更喜欢对方，这是一种"回馈性"的情感。而当听到别人对自己的负面评价时，即使我们理智上知道有道理，也很难避免不悦。

**(end) 小结**

上面种种现象，可以用"**吸引的回报理论**"来解释——我们会喜欢那些给我们带来回报的人。具备上述四类特征的人都能给我们带来回报，因此具有吸引力：

– 具有吸引力特质的人使我们感到愉悦；
– 接近与熟悉的人需要我们付出的交往时间和精力成本较小；
– 相似和有关联的人带来"自我感觉良好"的回报；
– 喜欢我们的人使我们有更好的自我评价。

## 二、爱情是什么

人际吸引的下一个阶段是关系的建立。随着两人之间相互影响力和依赖性的增强，会逐渐发展亲密关系。亲密关系包括深厚的亲情、友情与爱情，可以看作自我的延伸，甚至会成为自我的一部分。接下来，我们一窥心理学家对爱情所做的研究：爱情的构成、不同形式的爱情以及依恋风格对爱情的影响。

1 爱情的构成：爱情三角论

　　爱情理论中最有影响力的是美国心理学家斯滕伯格的"爱情三角论"。他认为爱情由三个成分构成：

　　▷ **激情**：激情是动机性的，主要特征是性的唤起和欲望；此外，任何使对方满足的强烈情感需要也属于激情。

　　▷ **亲密**：亲密是情绪性的，包括真诚、理解、信任、支持与分享。

　　▷ **承诺**：承诺是认知性的，决定与对方建立长期的关系，并把这段关系置于生命的重要位置。

2 不同形式的爱情

　　以上三种成分不同的组合方式，构成不同形式的爱情：

◆ **只有一种成分**

　　▷ **只有亲密**：喜欢之爱。这种形式更类似于友谊。

　　▷ **只有激情**：迷恋之爱。虽然来得迅猛，但往往几个月后便开始减弱。

　　▷ **只有承诺**：空洞之爱。没有感情基础的婚姻就是这种情况。

◆ **有两种成分**

▷ **亲密 + 激情：**浪漫之爱。如年少时候的爱恋，"只在乎曾经拥有，不在乎天长地久"。

▷ **激情 + 承诺：**愚昧之爱。没有亲密的培养，如才子佳人一见钟情，定下山盟海誓。

▷ **亲密 + 承诺：**相伴之爱。虽然激情逐渐褪去，但依恋和信任感维持着，如一些婚姻稳固的夫妻，"少年夫妻老来伴"。

◆ **三种成分兼有**

激情 + 亲密 + 承诺：完满的爱，这是最理想的爱情。

**3 依恋风格的影响**

前面的发展心理学章节介绍了婴儿期"依恋"的建立，即婴儿与主要照料者的亲密情感联系。婴儿与主要照料者之间形成的依恋风格，会影响他成年后与伴侣的依恋风格。

**安全型依恋**

很容易与他人接近，渴望并信任自己的亲密关系，很少担心被抛弃。他们往往有着最持久的浪漫关系，对关系的满意度也更高。

**焦虑-矛盾型依恋**

一方面希望与伴侣亲近，另一方面又缺乏信任感，担心对方不可靠。虽然容易开始浪漫关系，但会很快感到担忧、妒忌、沮丧和不满，因此持续时间往往较短。

 **逃避型依恋**

不易与人接近，缺乏亲密和信任，常常与他人保持距离，表现出退缩和拒绝的倾向。

## 补充

依恋风格并非决定亲密关系的唯一因素。影响亲密关系的重要因素还包括"自我表露"和"公平关系"。"自我表露"指的是向对方表达内心感受、自由地展现自己。伴侣之间相互的自我表露越深入坦诚，信任感就越强，亲密关系也就越持久。"公平关系"指的是从总体和长期来看，伴侣双方对感情的投入与所得成正比，它使伴侣对关系有更高的满意度。

## 书籍推荐

**《亲密关系》**

本书用科学、理性和系统的方式研究"亲密关系"这一主观和感性的话题，理论和实践并重，既科学严谨，又通俗有趣。作者综合了认知、社会、发展心理学等多个心理学分支以及社会学、传播学和沟通研究等领域的理论成果，总结了人们在交往和沟通、爱情和承诺、婚姻与性爱、妒忌与背叛等方面的行为规律和特点。

作者 ▶
【美】罗兰·米勒（Rowland S. Miller）
出版社 ▶
人民邮电出版社

## 三、积极互动：助人行为

新闻报道中"旁观者冷漠"的现象每每让读者义愤填膺，如女童小悦悦遭两车碾压无人相助，美国黑人被警察跪压致死无人挺身而出。但无私助人的事例也屡见不鲜，例如人们在灾难发生后积极捐款捐物和从事志愿工作，以及见义勇为者为救他人而牺牲自己。

那么，什么情境下人们会伸出援手？为什么有人会不顾自身利益帮助别人？

**1 什么情况下旁观者会助人**

情境中的许多因素都会影响助人决策。了解旁观者为何视而不见或挺身而出，有助于我们在需要帮助时更有效地求助。

◆ **旁观者的决策过程**

社会心理学家用"决策树"来描述这一过程：

▷ 首先需要**注意**到事件。一个晕倒在路边的人，可能会被来来往往的人所忽视。

▷ 其次判断这个事件是**紧急**的。人们会通过观察别人的反应来判断情况是否紧急，以免显得自己反应过度。

▷ 最后认为自己有**责任**提供帮助。当求助者没有特定的求助对象时，每个旁观者所感受到的责任就降低了，介入的可能性也会变小。这个现象称为"旁观者效应"。

◆ **如何更有效地求助**

当有更多旁观者在场时,上面三个环节都可能受影响,从而阻碍助人行为的发生。为了增加获得帮助的可能性,我们在求助时应该注意以下几方面:

▷ 让别人**关注**到困境,不要认为别人能轻易发现你的需要。比如,有些情况下可以大叫"着火了"来引起别人的注意。

▷ 强调事情的**紧急性**,最好指明**具体**需要的帮助是什么。比如,大声呼叫:"救命,我受伤了!"

▷ 明确求助的对象,增强他人感知到的**责任**,从而使对方响应求助。如对旁边的某个人说:"这位先生,请快帮我叫警察!"

---

**2 利他行为的原因**

不考虑自身利益或安全情况下的助人行为,称为"利他行为"。心理学家从不同角度分析人类利他行为存在的原因,包括:

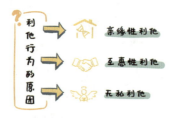

◆ **亲缘性利他**

亲属之间有共同的基因,因此从进化的角度看,帮助与自己有亲缘关系的人,有利于基因的延续。

◆ **互惠性利他**

帮助与自己没有亲缘关系的人，期望将来自己需要帮助时得到回报。助人行为还能给自己带来良好的声誉和形象，获得心理满足。当互惠成为一种社会规范时，利他行为会更常见。

◆ **无私利他**

对他人情感的体验和理解是一种"同理心"（也称为"共情"）。同理心会驱动无私利他的行为，因为目睹他人的痛苦会让自己感同身受，进而不惜代价地帮助他人。科学家已经发现同理心的一些神经生物基础，例如，催产素、多巴胺和血清素等能够促进利他行为。

## 四、消极互动：攻击与冲突

人有可能主动攻击他人，或者双方产生冲突，这就是人与人的消极互动。接下来我们了解攻击与冲突发生的原因，以及如何减少这些消极互动。

**1** 攻击的产生与强化

攻击是意图伤害他人的行为，包括身体和言语行为。我们从攻击的生理基础、导火索和习得过程三个方面进行分析。

◆ **攻击的生理基础**

许多动物为了生存和繁殖，会产生对同类的攻击行为。进化心理学家认为，攻击是在进化过程中保留下来的适应性行为。

攻击行为与人类的大脑神经机制和血液中的生物化学成分有关。例如，刺激大脑中的杏仁核会使人发怒；雄性激素水平高的人更冲动、易怒；负责决策和自控的前额叶皮质如果受损，会导致人难以控制自己的攻击性。

◆ **攻击的导火索：挫折**

"挫折 – 攻击"理论认为，阻碍人们实现目标的事物（挫折）会激发愤怒情绪，使人更倾向于做出攻击行为。攻击不一定针对挫折的来源，有可能会把敌意转到更安全的目标，称为"替代性攻击"，比如在工作中受气的人，回家后无端斥责家人。

## 实验

### 挫折与攻击

心理学家将儿童领到一个玩具屋中，第一组儿童可以自由地玩这些玩具，而第二组则被网隔着，等待一段时间后才能拿到玩具。结果，当第二组儿童拿到玩具时，他们对玩具进行了更多的破坏，比如用脚踩、用手摔等。

除了挫折，攻击还有其他导火索。比如看到武器时会增强攻击性，这便是"武器效应"。枪支的存在本身会刺激暴力行为的发生。

炎热、寒冷或拥挤等不舒适的极端环境更有可能引发攻击行为。对城市犯罪率的研究发现，暴力事件随着天气变得闷热而变多。

◆ **攻击的习得**

亲身体验到攻击的作用，会强化攻击的倾向；观察别人的攻击行为及其后果，也会习得攻击行为。

🔗 **知识链接**

第六章《学习：如何提升学习效率？》章节介绍了"观察学习"理论以及班杜拉的"波比娃娃"实验。

**2 如何减少攻击行为**

惩罚或者发泄愤怒是否能够减少攻击行为？如果不能的话，还有什么其他方式？

◆ **惩罚：非最优解**

根据行为主义的观点，惩罚可以减少人们从事某一行为的频率，但这在减少攻击行为上并不一定适用。一方面，许多惩罚带有侵犯性，有时反而会起到攻击示范作用；另一方面，惩罚可能变成受罚者的"挫折"，从而引发次生攻击行为。

因此，惩罚主要起到的是威慑作用，例如用法律来约束极端的攻击行为。

◆ **发泄愤怒：可能适得其反**

在"减压室"击打假人或沙袋来发泄愤怒是否可行？实验发现这样做可能适得其反。

## 🧪 实验

**发泄愤怒有用吗?**

心理学家用同样的方法激怒两组被试,要求第一组被试被激怒后什么都不做,第二组被试被激怒后击打沙袋发泄。结果发现,第二组被试发泄过后反而更为愤怒,更具有攻击性。因此,攻击激活了更多攻击性,而非减少攻击性。

但这并不意味着我们要压抑愤怒。如果能通过非攻击的方法表达感受,就会更有利于解决问题、平息怒火。

◆ **社会学习与文化**

攻击问题主要应当用攻击之外的手段来解决。当非攻击性的合作行为成为示范并且得到奖励,人们会仿效并习得这种行为方式。文化的影响力是强大的,总体而言,随着人类文明的发展,战争与谋杀等暴力行为已经大幅度降低。

### 3 是什么导致冲突

攻击是由攻击者对被攻击者单向发起的;当双方在行为、目标和观念等方面不相容时,冲突就产生了。小到同伴间的小磕碰,大到国家间的剑拔弩张,都属于冲突。冲突的两个主要根源是利益上的争夺和认知上的误解。

◆ **利益上的争夺**

当不同群体为稀缺资源而竞争、在利益上此消彼长时,便会产生敌意，导致冲突。人类社会中竞争随处可见，竞争有可能带来积极的整体效果（如良性的市场竞争会促进行业发展）；但如果一方的胜利意味着另一方的失败，那么竞争会引发激烈的冲突。

◆ **认知上的误解**

有一些冲突源于偏见和歧视，双方甚至对对方没有充分了解就下了敌对的论断。上一章介绍的认知偏差（如自利偏差、基本归因错误）和下一章讨论的群体认知倾向，会使冲突双方夸大彼此的差异、丑化对方，加深误解。

**4 如何缓解冲突**

通过接触、沟通与合作，冲突双方有可能缓解冲突，直至达成和解。

◆ **接触**

对于那些偏见和歧视导致的冲突，假如双方能进行平等和非竞争性的接触，就有机会转变敌对态度。美国心理学家利昂·费斯汀格的研究表明了这一点。

**实验**

**接触缓解冲突**

让三组白人被试分别和他们的黑人邻居进行不同程度的接触：第一组一起待在一间屋子里；第二组一起观看别人打牌；第三组一起玩扑克牌。结果三组白人被试对黑人邻居表现出友好的比例分别为 11.1%、42.9% 和 66.7%。

可以看出，双方进行的接触越深入，敌对的可能性就越低。

◆ **沟通**

冲突双方的有效沟通和信息交换，有利于了解彼此的意图和诉求，增进信任。如果通过沟通，双方都认为停止冲突将带来双赢，那么合作就可能实现。

但现实中，发生利益冲突时沟通往往很艰难，信任与合作存在风险，因此有可能采用正式沟通（谈判）或者引入第三方调解的方式来解决问题。

◆ **合作**

当冲突双方面临共同的外部威胁，或者有共同目标需要合作完成时，会停止争斗，进行合作。美国心理学家穆扎法·谢里夫的夏令营实验展示了两个群体之间如何开始冲突，以及后来如何通过合作而达成和解。

## ⚗ 实验

### 冲突的产生和消除

实验者组织 20 多位 11 岁的男孩参加夏令营，将他们随机分为两组。他们很快有了自己的组名、旗帜和领地。实验者让他们开展了比赛等竞争性活动，两组孩子开始相互仇视，发生一系列冲突。实验者随后尝试了开会、聚餐和召集活动等措施，都未能缓解冲突。

后来，实验者策划了一系列紧急情况（例如营地供水系统故障），需要两组成员合作，共同参与修理工作。经过几次共同完成目标的活动后，两个小组恢复了和平并建立了友谊。

## 💡 提示

这个实验虽为冲突和合作的相互转换提供了实验性的证据，但也存在很大的伦理争议：实验者并未对监护人告知真实的实验目的，而是用诱骗的方式将未成年人带到野外进行实验，参与实验的孩子们几十年后回忆起这段经历时仍觉得非常不愉快，这些都不符合社会心理学实验的伦理规范。

## 💡回顾与思考

人与人之间互相联结。人际吸引并非随机发生，而是具有一定规律。吸引力有可能进一步发展为爱情，爱情中包含激情、亲密和承诺三部分，它们的不同组合构成了不同形式的爱情。人们有可能对素不相识的人伸出援手，也有可能在生理、心理和环境的共同作用下，发生攻击行为；当双方都抱有敌意时，冲突就产生了。

> **请结合本章的内容，思考如下问题：**
>
> ❓ 你和你的好朋友或伴侣是如何互相吸引的？
>
> ❓ 回顾你的一次助人行为或观察到的他人的助人行为，是否能使用决策树进行分析？
>
> ❓ 你是否经历过人际冲突？冲突如何产生？学了本章知识后，你会用什么方法来缓解冲突？

# 第十八章

# 社会影响：
# 人群中你如何"失去"
# 自我？

在美国一个小镇的快餐店，经理突然接到一个电话，打电话的人自称警察，说某位女店员偷窃，需要派人将她看守住并进行搜身。虽然电话中的一系列指示越来越过分，但经理还是一一照做，直到最后才发现打电话的是个骗子。十多年间，类似案件在美国30个州发生过70多起。后来这一事件被拍成电影《顺从》，很多人觉得电影里的情节在现实中不会发生，这是因为人们很难意识到，我们在社会中受到他人、群体、权威和规范等影响的程度往往超过自己的想象。

人们为什么会从众与服从权威？我们扮演的社会角色以及社会规范是如何施加影响力的？他人的存在又是怎么影响我们的行为的？

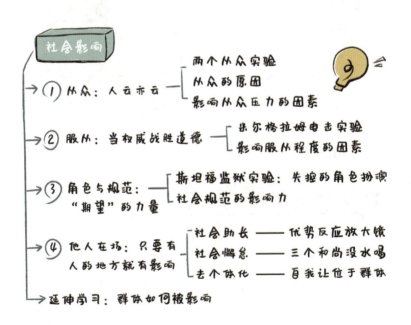

# 一、从众：人云亦云

你跟风买过网红产品吗？你是否曾经虽然内心不认同但仍举手赞成其他多数人的想法？我们在现实中受到他人影响的程度往往高于自己的想象。美国心理学家戈登·奥尔波特曾说：

> 我们从属于多数人的意志。当大众站起来时，我们亦自然站起来；当大众鼓掌时，我们也随之鼓掌；大众表示反对时，我们也不提出异议。

他所说的即为**"从众"**现象：**根据他人的言行改变自己的信念或行为。**

▷ **信念改变：**"他们都选珍珠奶茶，那一定好喝吧。"

▷ **行为改变：**"别的朋友都买了珍珠奶茶，我不想显得特殊，还是买吧。"

**1** 实验室里揭示的从众现象

两位美国心理学家分别设计实验，研究人们在不易产生明确判断和在容易做出明确判断这两种情形中如何受到他人影响。

◆ **谢里夫实验——"群体规范"的形成过程**

## 🧪实验

**谢里夫实验——模糊情境下的从众**

- **实验任务：** 在黑暗房间中，肉眼判断一个小光点移动的距离长短。（黑暗中没有参考依据，参与者只能凭自己的感觉来猜测，因此是一个模糊的任务。）

- **实验过程：** 第一天，每个被试在单独的房间内形成自己的独立判断。第二天，几个被试一起到实验室，每人公开地说出自己的判断。接下来两天重复第二天的过程。

- **实验结果：** 几个被试给出的答案越来越接近，最终接近他们各自独立判断时的中间值。

有趣的是，实际上光点并没有移动，这个实验利用的是一种视觉错觉。人们在各自判断不太有把握的情况下，会在群体中不断调整自己的判断，最后互相趋近，就像是形成了一个所有人都认同的"群体规范"。

◆ **阿施实验——从众压力下的违心表现**

## 🧪实验

**阿施实验——明确情境下的从众**

- **实验任务：** 在 ABC 三个线段中选择与目标线段 X 等长的线段（这是个答案明确的简单任务，个人单独进行判断时正确率能达到 99%）。

- **实验过程：** 让七个被试坐在一起公开回答上述问题，其中只有一个是真正的被试，其余都是"托儿"（假被试）。五个托儿在真被试之前给出错误答案，看真被试回答时是否会跟随错误答案。

- **实验结果：** 多次重复实验的结果发现，有 75% 的被试至少有一次跟随托儿的行为；37% 的被试在大多数情况下都选择了跟随前面托儿的判断。

实验室是一个微型的社会情境。阿施实验中，超过 1/3 的人在答案显而易见的情况下，为了与他人保持一致而给出违心答案。这个结果实在令人惊讶，因为被试在实验中并不会受到任何奖惩，也没有外部激励的干扰。到底是什么驱使他们如此表现呢？

## 2 从众的原因

从众行为是出于人类的基本动机：希望自己在特定情境中正确行事，需要被接纳与归属感。

### ◆ 我们需要正确的信息——信息性影响

在谢里夫实验中，人们不易做出明确判断时，认为他人提供的信息有助于得到正确判断，这是群体的信息性影响。当我们依赖"大众点评"软件寻找网红餐厅时，就是希望群体能给我们提供更多的信息。

◆ **我们想要与群体保持一致——规范性影响**

阿施实验告诉我们，即使有时候一个人能够清楚地辨别真相，也会因感受到群体压力而选择随大流。这反映了群体的规范性影响，即人们希望与群体保持一致，获得接纳，避免被排斥。

> **3** 影响从众压力的因素

是否表现出从众行为，受到个体、群体和环境因素的综合影响。

◆ **个体差异**

人在具有社会性的同时也保留一定的个性特质。在阿施的实验中，面对同样的任务，有人选择随波逐流，但也有一部分人始终坚持自己的判断。

◆ **群体规模**

一般来说，群体规模越大，个体从众的可能性越高。一项实验发现，在街头仰望天空的人数越多，从众的路人越多；当有五个人同时仰望天空时，路人从众比例可达80%。

◆ **群体一致性**

阿施实验后续的研究发现，当假被试中有一个人选择正确答案时，真被试的从众（选错误答案）比例大大降低。当群体一致性被打破时，它的影响力也减弱了。因此，让不同观点进行碰撞，能促进大家的独立思考。

◆ **公开 VS 匿名**

阿施实验中，如果让参与者私下写出答案而非公开说出来，人们会更少地从众。不公开表达时，受排挤的顾虑大大减少，更容易表达独立想法，这就是为什么匿名投票更加真实有效。

## 二、服从：当权威战胜道德

因为他人的命令而做出某种行为，称为"服从"。我们一起来看社会心理学上非常著名也颇具争议的"米尔格拉姆电击实验"。

**1 服从实验：米尔格拉姆电击实验**

## 🔬实验

**米尔格拉姆电击实验**

● **实验装置：**一台有不同挡位的电击启动器，从 15 伏一直到450 伏，每挡相差 15 伏。开关上标注"强电击""高强电击""高危致命"等字样（**被试事先不知道，实际上按开关之后没有进行真正的电击**）。

● **实验过程：**

－隐藏实验目的：研究者告诉被试，实验目的是"研究惩罚对学习有什么影响"，被试担任"教师"，需要教"学生"学会一些单词。"学生"每回答错一次,"教师"就要提高一挡来电击他(**被试不知道"学生"由实验助手扮演**)。

– 实验室设置:穿白大褂的研究者与"教师"在一个房间,"学生"的手被绑上电极坐到隔壁房间,在两个房间里能互相听见声音。

– "学生"被电击后的反应:被试按下较低电压开关时会听到"学生"的哼哼声;当增加到120伏时,会听到学生喊"太疼了";当增加到150伏时,会听到咆哮声,要求放他出去;等增加到270伏,会听到痛苦的尖叫;330伏后,再也没有声音了……

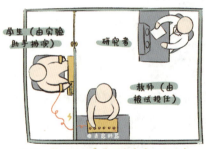

如注:被试不知道学生由实验助手扮演,以及电击启动器并未通电。

– 实验者的明确指令:当被试询问研究者或要求停止实验时,**研究者会坚决要求他们继续下去**。实验的真正目的是看被试在知道有伤害的情况下,是否还会违背良心服从命令,会把电击进行到哪一挡。

● **实验结果:** 40名担任"教师"的男性被试中,有26人(占比65%)一直加到了450伏,即达到了"高危致命"的程度。

在社会心理学研究中，为了隐藏真实的实验目的，常常会事先告知被试一个虚假的实验任务，实验结束后再向被试解释实验的真实目的。虽然"学生"并没有遭受电击，但这个实验还是因为道德伦理问题而饱受争议（比如，被试因为内心的矛盾而十分痛苦）。但不可否认，它确实反映出服从权威的强大影响。

电击实验令人震惊之处在于：米尔格拉姆原本估计服从率会很低，专家预估有 1% 性格偏激的人会施加最高一挡电压，但实验结果竟然是 65% 的被试这样做了。后来进行的重复实验将女性参与者纳入，服从比例也差不多。

### 2 影响服从程度的因素

米尔格拉姆实施了 19 次不同的电击实验，每次实验中改变一个变量，以分析这些因素对服从程度的影响。这些实验得到的服从比例在 0~93%。影响服从程度的因素包括：

◆ **被伤害者的可见性**
人们对于能看见的具体某个人具有同情心。当被试能看到

"学生"受到伤害的样子，而不仅仅是听见声音时，服从比例显著降低。

◆ **命令的权威性和与权威人士的距离**

当穿着白大褂的实验者假装有事走开，由另一个助手发布继续电击的命令时，人们不再那么服从。当实验者走开后通过电话下达命令时，服从的比例也大大降低。

◆ **同伴反应**

当有另外的实验助手假扮教师与被试同处一室，并且公然反抗实验者时，大部分被试也会加入反抗。因此，率先反抗权威的少数派能够带动其他人打破服从，"释放"自己。

💡提示

服从不是违背道德的理由，正如美国社会心理学家戴维·迈尔斯所说，对暴行的情境化分析并不能免除作恶者的罪过与责任，"解释并不代表原谅，理解并不代表宽恕"。对于从众与服从的研究，能够帮助我们了解并觉察社会情境的巨大作用力，保持警醒，避免对恶行无意识地推波助澜，并做好充分准备预先阻止恶行。

## 三、角色与规范："期望"的力量

人们扮演的社会角色与所需遵守的社会规范是社会情境的重要部分，它们都是社会对你的"期望"，会在你有意识或无意识中施加影响力。下面我们先通过美国心理学家菲利普·津巴多在斯坦福大学进行的监狱实验来看"角色扮演"带来的惊人结果，再探讨社会规范的影响力。

## 1 斯坦福监狱实验：失控的角色扮演

## ♟ 实验

**斯坦福监狱实验**

- **实验地点：** 斯坦福大学地下室搭建的模拟"监狱"。
- **实验参与者：** 24 名经过心理测试被确认为身心健康的志愿者，通过随机分配，一半扮演"囚犯"，一半扮演"狱警"。
- **实验结果：** 相关人员都进入角色难以自拔，"狱警"严厉苛刻甚至攻击虐待"囚犯"，"囚犯"出现情绪激动、思维混乱等应激症状和病态行为。由于情况失控，原计划两周的实验在进行 6 天后不得不提前终止。

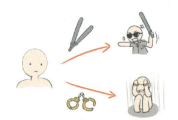

在这个实验中，志愿者扮演狱警还是囚犯，是由抛硬币随机决定的，基本可以排除他们本身性格的影响。短短的几天时间，就使他们与之前的自己判若两人。而人们在生活中进行长期的"角色扮演"，基于家庭、职业和性别等因素形成了不同的社会角色。社会角色的行为模式构成他人对我们行为的期望，我们也不自觉地按这种期望来行事。

虽然这个实验近几年面临着"可能存在实验者引导"的质疑，但是它还是为我们理解个体在社会情境中的行为提供了启示。与服从实验中所提示的一样，监狱实验揭示的情境影响力并不是为非法行为开脱；**无论成因是什么，人依然要对自己行为的后果负责。**津巴多认为，研究的目的是通过改变更大更复杂的系统性力量，来改变其创造的情境，从而预防恶行、鼓励善行。

群体中被广泛认同的行为标准构成了社会规范，大到政治态度，小到着装规范和禁忌话题。不同文化中的规范有的类似（如礼尚往来的互惠原则），有的不同（如收到礼物后能否当面拆开）。通过观察别人怎么做，或者看到违反规范有什么后果，人们很容易习得规范。遵守规范是从众的体现，偏离规范则可能导致社会排斥。研究者通过脑部扫描发现，社会排斥会激活与痛苦相关的脑区。

有的人也许会对规范表现得不屑一顾，或者觉察不到规范的存在。但即使自己认为不会被他人行为左右，其实也往往在不自知中受到影响了。

## Q 研究

### 哪类信息影响力最大

研究者向社区居民分别发送几类倡导节能措施的信息，之后向居民调查他们收到的信息是否有激励作用，并通过读取电表，统计这些信息对实际能耗的影响。调查和统计结果出现了有趣的背离：居民认为"本社区大部分人都这样做"的信息对自己激励作用不大（认为自己不受影响），但实际上收到这类信息的居民能耗降低最显著。

| 信息类型 | 自己认为的激励作用 | 实际对能耗的影响 |
|---|---|---|
| 本社区80%的人都这样做 | ↑ 小 | ↑ 大 |
| 这样做能为你每月节约200元 | ↑ 中 | ↑ 小 |
| 这样做能够减排，保护环境 | ↑ 大 | ↑ 中 |

## 四、他人在场：只要有人的地方就有影响

在前两个部分，我们看到群体和权威对个人的裹挟力量。然而，即使群体中的人们很少互动，单纯的"他人在场"也会对个体行为产生影响，包括以下三种情况。

**1 社会助长——优势反应放大镜**

运动员在和他人比赛的时候，成绩往往比自己单独练习时要好。然而相反的情况也存在，研究者们发现在走迷宫以及计算复杂乘法的时候，他人在场反而会妨碍当事人的表现。为什么出现这种看似矛盾的现象呢？

这是因为他人在场会使得人们的"唤醒"水平增强。唤醒是生理的兴奋与激活状态，它会强化人们的优势反应。面对简单和熟练的任务，正确反应占优势；面对困难和不熟练的任务，错误反应占优势。促进简单任务表现和妨碍复杂任务表现，都是观众带来的社会助长作用。

📶 **知识链接**

本书第十章《动机：内驱力从哪里来？》介绍了"唤醒理论"，指出不同难度的任务有不同的最佳唤醒水平，任务越简单，最佳唤醒水平越高。

因此，对于高水平演奏者，观众的在场能激励他们出色发挥；对于水平差或不熟练的演奏者，面对观众会使他们更为紧张。

**2 社会懈怠——三个和尚没水喝**

有过小组合作经历的人可能都遇到过"搭便车"的情况，有人身处集体之中，就默默减少了自己付出的努力，这叫"社会懈怠"。它和社会助长的区别就在于，个人的成绩有没有被单独评价。

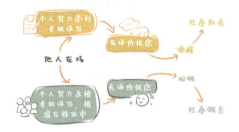

如果以群体而非个体为单位进行衡量，有人就会滥竽充数，这是责任分担带来的弊端。因此，设计一项团体活动时，要考虑如何让个体成绩可识别化。

但是我们也会在精彩的团体竞赛中看到团队成员全力以赴。在什么情况下即使只评价群体成绩也不存在社会懈怠？一是当任务具有挑战性和吸引力，使成员为共同目标努力时；二是成员之间彼此认同，团队具有凝聚力时。

**3 去个体化——自我让位于群体**

在群体中人们付出的努力可能减少，而做出的出格行为却会变多。这就是"去个体化"的心理状态：被群体唤起兴奋感，而又不受常规约束，做出失态甚至破坏性的行为。

◆ **匿名性是关键原因**

人们隐匿在群体中时，一方面自我意识模糊，内在准则消失，只关注群体准则；另一方面觉得不需要对自己的行为负责，因此会做出一些平时不敢想象的事。在网络世界，匿名性往往滋生网络暴力或者煽动性言论，实名制则能够对此起到限制作用。

◆ **去个体化与从众和服从的区别**

去个体化与之前讨论的从众和服从都会导致"平常人作恶"。区别在于，从众与服从是在群体压力下产生的，而去个体化更像是个体在群体中"失控"的感觉。

如果群体没有施加有形或无形压力，个体不会从众；但是只要群体存在，且个体是匿名的（不用担责），个体就会自发地丧失同一性和责任感，做出在正常单独条件下不会做的事情。

"二战"时纳粹对犹太人的种族清洗、日本人进行的南京大屠杀，除去那些"服从"上级命令的士兵，其中还有许多人是自发参与到杀戮中来的。这种"平庸之恶"是被群体裹挟的人展现出的人性最丑恶的一面。

## 群体如何被影响

上面我们探讨了个人在社会中如何被他人和情境所影响。当个体集合成群体，这些影响力也会施加在群体上。

### 1. 群体极化——1+1= 正无穷

群体对问题的讨论通常会强化成员的普遍倾向，使判断和决策走向极端，即群体极化。

★ 群体是个人观点的放大镜

为了得到他人的正面评价，人们关心自己的观点与其他成员是否吻合。个体从众的倾向将群体意见推向极端。因此，原本态度保守的群体在讨论后会变得更保守，而原本态度激进的群体在讨论会变得更激进。

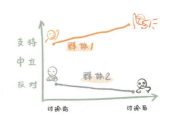

★ 现实思考：信息茧房

当今人们能从互联网上获得多维度的信息，却没有增加相互的理解，不同群体之间的鸿沟反而扩大了。因为我们会选择性地接触自己认同的信息源，在与持有同样观点的群体的互动中，不断强化原有的观念，编织出"信息茧房"。

## 2. 群体思维——众口如一

群体思维指为了维护群体和睦而压制异议。人们既担心被团体排斥，也不想打击群体士气，导致在思考和决策时过分追求内部一致性，过滤掉不同观点。

★群体思维可能导致决策错误

虽然群体决策在很多情况下优于个体决策，但要注意群体思维可能导致不客观的评价和决策错误。研究者对美国领导人的几次历史性错误决策（如珍珠港事件、猪湾事件和越南战争）进行分析时，都发现反对意见被忽略或压制的情况。

因为初步倾向会被群体讨论放大，群体高度一致的感觉给成员带来自信，认为其决策无懈可击，从而使一些重要的少数派信息和意见被忽视。

★避免群体思维带来的错误决策

如何避免群体思维可能带来的决策错误？核心在于避免过早地对方案做出评价。例如：讨论开始时不表明立场，而是充分共享信息；对反对意见持鼓励和开放态度；请局外专家进行评估反馈。

## 3. 少数派对群体的作用

虽然社会影响的力量常常导致个体服从权威、被群体同化以及群体走向极化，但少数派的作用也不容忽视。历史上一直有勇敢的少数派拒绝屈服、冒险反抗、打破旧规范，带动他人一起阻止谬误与恶行，甚至改变历史进程。

最后需要说明，对群体和社会影响的研究常给人留下"好人作恶""乌合之众"等负面印象，因为研究往往聚焦于存在的问题。需要指出的是，事实的另一面我们不能忽视，即群体交流也有可能让人们朝更好的方向发展，人类社会的文明生活离不开群体的创造。

📖书籍推荐

《影响力》

在认识到自己无时无刻不受到周边的人、所在群体与所处情境的影响后，我们希望自己有能力抵制不良影响和"洗脑"。作者在长期的心理学研究和对商业世界"参与式观察"的基础上，详释了六个可以作为"影响力武器"的心理原则：互惠、承诺和一致、社会认同、喜好、权威以及稀缺，并通过大量实例告诉我们，这些"武器"如何发挥作用，怎么做才能防止它们的影响。

作者 ▶
【美】罗伯特·西奥迪尼（Robert B.Cialdini）
出版社 ▶
北京联合出版公司

## 💡回顾与思考

人们所处的情境对其行为有巨大的影响力，体现在从众与服从的压力、单纯的他人在场带来的改变以及社会角色和社会规范对人提出的"期望"。这些影响力也会作用在群体上，导致极端意见的产生和异议被压制。

> **请结合本章的内容，思考如下问题：**
>
> ❓ 回忆你最近的一次随大流经历：当时出于什么原因从众？当时是否明显意识到从众压力对你想法或行为的改变？
>
> ❓ 回顾你在面对观众或人群时的竞赛、演出或者演讲等情况：观众给你带来了什么样的体验，对你的表现产生了什么影响？

# 第十九章

# 应激反应：
# 如何认识与面对压力？

在电影《我和我的祖国》中，有一个与开国大典有关的故事：设计师本来按照计划设计好国旗自动升起的程序，但是突然被告知天安门广场上的装置坏掉了。这意味着什么？开国大典还有不到 24 小时，天安门广场却封闭起来不能进入，设计师只能干着急，连问题是什么都没法弄清楚。束手无策的设计师，此刻一定是压力剧增、心跳加速、手心出汗——这就是我们本章要讨论的"应激"，关于压力、压力下的身心反应以及人们如何应对。

什么是应激？它是由什么引起的？应激会引发我们什么样的身心反应，如何影响健康？面对各种压力事件，我们又该如何缓解和应对呢？

应激反应

① 什么是应激，应激产生的原因是什么 ─ 什么是应激
三种不同的应激源.

② 应激之下的身心反应 ─ 生理反应
心理反应
应激与健康的关系

③ 如何缓解和应对 ─ 缓解应激：关键在于如何"评价"应激
应激 合理运用两种应对策略
积极的生活方式与社会支持的作用

延伸学习：积极心理学

## 一、什么是应激？应激产生的原因是什么？

心理学中的"应激"，与日常生活中所说的压力密切相关。接下来我们先了解几个相关概念，再讨论引发应激的原因。

### 1 什么是应激

想象一下，当工作中突发紧急状况、可能造成巨大损失时，你会感受到压力，身体紧绷，情绪紧张，并采取行动应对。这时，"应激"就发生了。

▷ **压力**：我们日常说的"压力"，通常指面临的外部威胁或挑战。例如在工作、学习或者人际关系方面遇到的困难与挫折。

▷ **应激**：心理学中用"应激"表示我们评价和应对威胁性或挑战性事件的过程。例如目睹意外事件后经历的焦虑、无助状态。

▷ **应激反应**：面对压力时的生理和心理反应。例如肾上腺素升高、心率加快、情绪波动等。

### 2 应激由什么引发：应激源

导致内部应激反应的外部事件，称为"应激源"。有三种不同的应激源：

◆　**创伤性应激源**

无法预测的灾难性事件，会威胁到自己或者他人的生命安全，引发恐惧感和无助感，称为**创伤性应激源**，包括地震、传染病等自然灾害，恐怖事件等人为灾害，以及失去亲人的创伤等。

◆　**重大的生活变化**

生活中的改变常常给人带来压力，如身边的人或环境的改变，或者学业和工作上的变动，都要求人们适应新情境、做出调整。不仅失业、离婚这类消极的变化会引发应激，积极的变化如结婚生子，也有可能带来压力与烦恼。

◆　**慢性困扰**

生活中持续存在的麻烦事，即"慢性困扰"，也会对身心造成压力。慢性困扰包括经济问题、家庭和工作上的困难，以及长期积累的"小麻烦"（如日常琐事和噪声等）。

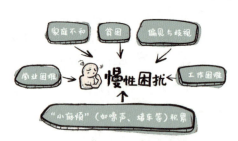

## 二、应激之下的身心反应

应激之下，我们的生理和心理都会做出反应。通过了解应激反应的发生机制，我们能更清楚地看到应激如何影响健康。

**1** **生理反应**

100 年前的生理、心理学家通过研究，发现了人在紧急状态下的快速生理反应过程，即"急性应激"。之后的进一步研究指出了应激持续下去会对身体产生什么影响，即"一般适应综合征"。

◆ **急性应激**

突发的压力事件（如遇到危险、听到警报等）引起突然而强烈的生理唤起，称为急性应激。

急性应激的身体反应包括呼吸急促、心跳加快、血压升高等，身体为采取行动提供能量准备，心理学上称之为"战斗或逃跑"反应。

"战斗或逃跑"的能量来自神经内分泌系统：下丘脑受到刺激后引发连锁反应，激活肾上腺，释放激素，增强交感神经系统的活性，为攻击或逃跑提供能量。

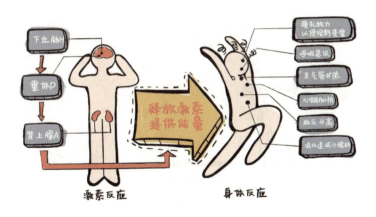

这种快速反应的基因是远古的祖先传递下来的，能让我们在紧急情况下应对威胁、保护生命。但是如果长期压力使这种反应持续下去，则会拖垮身体的天然防御系统，危害健康。

♀ **补充**

有心理学家认为"战斗或逃跑"更多地反映了男性的特点，而女性作为后代的主要照料者，面对威胁时更倾向于通过联合同伴、保护后代来回应。这就是"照料和结盟模型"。从生物学角度看，激素水平的差异使男性和女性的急性应激表现不同，这两种反应模式结合起来，可以更好地解释个体如何保障生存。

◆ **一般适应综合征**

在战斗或逃跑基础上的扩展研究发现，不同的应激源会触发相同的（"一般性的"）身体反应，称为"一般适应综合征"。这一反应包括三个阶段：

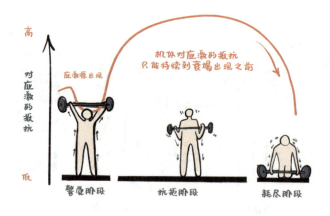

▷ **警觉阶段：** 交感神经被系统激活，身体调动资源应对压力。类似急性应激的"战斗或逃跑"反应。

▷ **抗拒阶段：** 如果应激源继续存在，那么身体会持续努力，继续从脂肪和肌肉中提取资源，并暂时"关闭"一些不必要的生理过程，如消化和生长等。

▷ **耗尽阶段：** 如果身体储备耗尽而应激源还没有消除，那么，人将无法再坚持高强度战斗。这时，心力交瘁的状态会损害心血管、消化、免疫等系统，并影响大脑健康。

应激事件会引发多种情绪反应，如痛苦、焦虑、易怒、精神疲倦或淡漠等。虽然大多数应激并不会造成持续影响，但强烈或持久的应激有可能影响心理功能甚至造成心理障碍。

下面我们来看三类不同的应激源会带来什么样的心理反应。

◆ **创伤性应激源的心理反应**

遭受或者目击了严重折磨的人，可能在创伤发生一段时间后出现生理和心理的痛苦，称为"创伤后应激障碍"（PTSD）。症状包括：重新体验痛苦的感觉、回避和麻木、过度警觉等。所以灾后的"心理救援"非常重要。

沉浸在倾听他人的创伤事件中而体会到巨大压力，称为"替代性创伤"。因此，在频频接触灾难信息而感受到困扰时，要有意识地减少让自己"暴露"在这些描述中。

◆ **重大生活变化的心理反应**

重大的生活变化会造成情绪的起伏。调查显示，年轻人体验到的压力水平高于其他年龄段，因为很多重大变化都发生在成年早期（20~40 岁）[1]。

心理学家用"社会再适应量表"来评估一个人目前的生活变化带来的应激水平。

---

[1] 本书第十五章介绍了成年早期的"生活事件"。

## 社会再适应量表

你的得分=该事件应激指数×过去一年中该事件发生次数(未发生则为0);将各项得分加总。

| 序号 | 事件 | 该事件应激指数 | 你的得分 |
|---|---|---|---|
| 1 | 配偶去世 | 100 | |
| 2 | 离婚 | 73 | |
| ... | ... | ... | |
| 14 | 家庭中增加新成员 | 39 | |
| ... | ... | ... | |
| 32 | 搬家 | 20 | |
| ... | ... | ... | |
| 43 | 轻度违法 | 11 | |

该量表一共列出 43 项事件。研究发现,得分加总超过 300 分的人,患病可能性达到 80%[①]。

◆ **慢性困扰的心理反应**

工作上的慢性困扰可能导致"职业倦怠"——持续高压的工作带来的疲惫综合征。表现包括:身心耗竭、冷漠疏离、想摆脱工作、产生不胜任感和无助感、缺乏成就感。

职业倦怠可能发生在从事任何职业和身份的人身上,但在"助人行业"(需要频繁进行人际交往的职业),如医生、老师、社会工作者中,更容易出现。

---

① 目前心理学家已经开发出针对不同人群或不同情境的"生活事件量表",例如针对青少年、大学生或者老年人的量表。由于每个人对待同样的事件看法不同,处理方式不同,所以量表结果会有相对差异,仅供参考。

短暂的、非极端的应激并不会损害健康，相反，它会使人集中注意力，从而有更好的表现；而且它也会在短时间内消退。正如戴维·迈尔斯在《心理学导论》中所说：

> 应激可以通过唤醒和激励，给我们的生活注入活力。毫无压力感的生活是很难富有挑战性或多产的。

但长期的、极端的应激会对健康产生威胁，容易导致疾病。

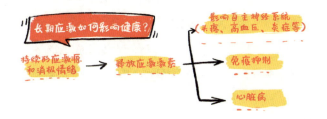

◆ **应激与免疫系统功能**

免疫系统是我们身体中复杂的监控系统，它能够识别和排斥细菌、病毒和其他入侵者，从而保护健康。

长期应激导致神经内分泌系统变化，减少抵御疾病的淋巴细胞，从而使免疫系统功能下降，对疾病的易感性增加。

### 研究

#### 应激与感冒

研究者向生活充满应激的人和相对无应激的人鼻子滴入感冒病毒，前者中有 47% 患上感冒，后者中只有 27% 感冒。

◆ **应激与心脏病**

心理学家发现，具有某种行为模式特点的人在面对应激时，患心脏病的可能性更大。

## Q研究

### A 型行为模式与心脏病有关吗？

心理学家将两种截然不同的行为模式分别定义为 A 型和 B 型。A 型喜欢竞争，富有攻击性和易怒；B 型则表现出随和放松的特点。

两位心脏病学家在一项为时 9 年、针对 3000 多名中年健康男性的研究中，发现"A 型行为模式者"患心脏病的风险远高于"B 型行为模式者"。

后续研究把 A 型行为模式者的特征分解后发现，爱竞争、时间紧迫感强、完美主义等特点并不构成风险因素，而敌意和愤怒是导致心血管疾病的罪魁祸首。

敌意强、易愤怒的人患心脏病的风险更高，因为在应激过程中，原本应该供给内脏的血液更多地被分配给肌肉，导致肝脏无法很好地清除血液中的脂肪和胆固醇，心脏周围就会堆积多余的脂肪和胆固醇。进一步的应激可能诱发心律改变。

研究表明，针对这种原因导致的心脏病，压力管理训练比其他措施（如药物、饮食等）效果更明显。

## 三、如何缓解和应对应激

面对同样的应激源，不同的人为何会有不同的应激表现？如何缓解应激程度？当应激来临，为了防止它引发疾病，该如何应对？下图是对如何缓解和应对应激的简要概括：

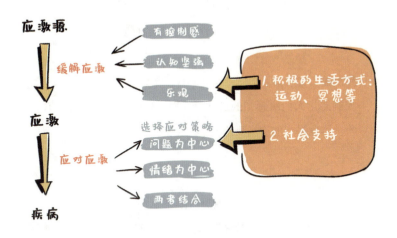

1 缓解应激：关键在于如何"评价"应激

"评价"在应激过程中非常关键——如何看待外部事件，把它视为威胁还是挑战，会极大地影响我们感受到的应激强度以及我们的应激反应。

例如，面对一份新工作，你认为自己通过努力能够胜任，那么它就是"挑战"；你认为自己怎么都无法应付，那么它就是"威胁"，两者带来的反应截然不同。

具有以下三类特质的人，更倾向于把应激源视为挑战，从而有效缓解应激：

◆ **控制感**

控制感指人们所感知的自己对环境、事件等的掌控力。不可控的威胁会诱发强烈的应激反应。

## 实验

**控制感的作用**

研究者在美国养老院进行一项实验：一组老年人可以对日常生活做出自主选择，如家具摆放、看电影的安排等；另一组老年人则由工作人员全面照顾、安排生活。

实验结果发现，承担更多责任的老人更为活跃、机敏、快乐、长寿。

对生活总体的控制感存在个体差异：

▷ **"内控者"** 相信命运由自己控制，面对应激源时也更倾向于相信它是可控的，因而有更强的心理支撑；

▷ **"外控者"** 则认为努力不一定带来好结果，更相信自己能力以外的因素，所以他们更容易陷入消极无助。

◆ **认知坚强**

"认知坚强"的人，对压力的看法和应对方式都很积极，表现在"3C"：

挑战（Challenge）
把变化视为挑战而不是威胁，
所以不害怕变化。

投入（Commitment）
选择面对困境，所以全力投入
自己的目标。

控制（Control）
相信能够控制自己的行为，
相信努力和结果之间的正
相关关系。

◆ **乐观**

乐观主义者与悲观主义者具有不同的期望、信念和解释事情的方式。

▷ 乐观的人认为消极事件是特定原因引起的、暂时的；他们对未来有更积极的期望，在遭遇挫败和不幸时仍充满希望，积极寻求应对策略。

▷ 悲观的人认为消极事件是普遍的、永久的、无法摆脱的。

研究表明，乐观的思维风格能够使人健康和长寿。

💡**提示**

有控制感、认知坚强与乐观，属于人格特质的一部分，虽然具有先天性，但也可以诉诸后天的培养和训练。研究者已经开发出培养认知坚强的项目，人们也可以通过培养建设性思维等方式训练乐观精神。

**2** 合理运用两种应对策略

面对压力，有两种应对策略，"以问题为中心"和"以情绪为中心"，如何选择？

◆ **以问题为中心的应对**

如果能够通过改变情境或者改变自身解决问题，则应采取以问题为中心的策略。例如，面对即将来临的考试，抓紧时间复习，增强应试能力。

◆ **以情绪为中心的应对**

如果问题难以解决（比如遭遇灾难），此时调整情绪、改变心态、接纳现实才是更好的方法。

◆ **两种方式组合应对**

有时候需要双管齐下，在想办法让自己情绪平静、思维清晰后，集中精力解决问题。

虽然很多威胁和挑战是人们不愿意看到的，但当它们发生后，应对和适应应激的过程有可能促使人们学习新的技能、增强心理弹性，从而帮助个人成长与自我提升。

### 3 积极的生活方式与社会支持的作用

在缓解和应对应激的过程中，积极的生活方式和社会支持都起到很大作用。

◆ **健康生活是减压法宝**

心理和身体的健康密不可分。
健康的生活方式包括坚持锻炼、合
理饮食和保证充足睡眠等，它们的
作用已得到科学研究证实。比如，

运动能让人分泌更多改善情绪的化学物质，刺激新的神经元产生，这与抗抑郁药物的效果类似。

◆ **正念冥想的作用**

"冥想"在现代社会已经成为一种锻炼注意力和意识、获取平静情绪和平衡身心的实践方法。冥想有很多形式，正念冥想是其中一种特殊形式[①]。正念指的是有意识地关注、觉察当下的一切，但不做任何评判。

对参与正念冥想课程的志愿者进行的脑扫描研究发现，正念冥想为他们带来了多个脑区的积极变化，这些变化都有助于情绪管理和压力调节。

◆ **社会支持**

良好的社会支持网络能帮助人们对抗压力、缓解痛苦、获得力量以渡过难关。

社会支持包括有形的援助（比如帮助处理紧急事务）、情感上的支持（沟通、倾听与安慰等）、信息方面的支持（提供解决问题所需要的信息）。

社会支持来源于家人、爱人、朋友以及社会中的专业人士（如心理治疗师或者支持团体）；宠物也能带来情感上的支持。

---

① 本书第五章介绍了作为一种特殊意识状态的冥想。

**《正念冥想》**

这本书以通俗、平实的语言，系统地介绍了什么是正念、怎么训练以及如何将这种方式融入生活。我们既可以每天抽一些时间进行正式的正念冥想训练，也可以在日常生活中将正念用于工作、人际关系、减压等方面。如果你希望在百忙之中得到心灵的安宁，可以通过这本书了解正念冥想如何帮助自己以健康的方式思考和行动。

作者 ▶
【英】沙玛什·阿里迪纳（Shamash Alidina）
出版社 ▶
人民邮电出版社

## 🔍研究

### "自我表露"的作用

把有关自己的私密信息与想法向他人表达透露，就是"自我表露"。倾诉有益于身心，压抑则损害健康。研究发现，将创伤经历表露出来，无论是以口头还是书面方式，都对身心健康有益。这也是心理咨询或治疗能够帮助人们的重要原因。

即使只是将创伤经历写在日记中，也是有

帮助的。这种"自我表露的写作"是与自己的交谈，具有疗愈情绪的效果，还能帮助你改变对自我的思考方式，在困难经历中发现意义，获得领悟。

## ∞延伸学习

### 积极心理学

创伤研究领域的专家发现，大多数人在危机面前具有非凡的应对和复原能力，这是一种"平凡的魔力"——不仅能努力适应、解决压力状况，而且还不放弃对持久幸福的追求。

在21世纪，由心理学家塞利格曼倡导的"积极心理学"研究，将目光从心理问题和缺陷转向人的积极力量和幸福，致力于研究普通人的活力和美德。

> 每个人的一生中都会有巅峰和低谷，而积极心理学并不否认低谷……积极心理学认为生活的核心并不只是避免麻烦、防止困扰，因而更加关注人生中那些风景美好的一面。
>
> ——克里斯托弗·彼得森，《打开积极心理学之门》

积极心理学带你一起探索这些问题：人的幸福感受来自哪里？如何培养和造就健康的人格？如何理解和应对困境？人的内在积极力量和社会文化环境如何互相作用？……积极心理学用科学的研究方法"测量、理解和构建人类力量和公民道德"，从而帮助人们追求丰盛的人生。

## 《活出最乐观的自己》

这本书是积极心理学之父塞利格曼的经典著作，英文书名为 *Learned Optimism*（习得性乐观），正好对照了他在 1967 年的著名实验中所发现的"习得性无助"。

我们在上面提到，乐观等人格特质有利于缓解应激，而且可以通过后天来培养。这本书告诉我们，人可以选择自己想要的思考模式，并且通过努力来习得乐观。

作者 ▶
【美】马丁·塞利格曼
（Martin E. P. Seligman）
出版社 ▶
万卷出版公司

## 💡回顾与思考

这一章我们讨论了人们在面对压力时的状态与反应——应激和应激反应，以及几类不同的应激源。通过分析急性应激和应激持续时的身心反应与变化，我们了解到应激如何影响健康，进而探讨了缓解和应对压力的方法。

**请结合本章的内容，思考如下问题：**

❓ 审视一下，当下你的生活中有哪些应激源，给你带来了哪些影响？

❓ 有哪个外部事件，无论是现在还是过往发生的，你觉得可以通过重新评价，改变你的表现与应对方式？

❓ 你是否了解过面对重大或者长期压力后最终走出困境的人或故事，对你有什么启发？

# 第二十章

# 心理障碍：
# 抑郁、焦虑，心灵为何
# 陷入困境？

电影《速度与激情》的男主角、大名鼎鼎的"巨石强森"，曾在20岁时结束运动员生涯，陷入了抑郁的旋涡。他在接受采访时说："在患有抑郁症的情况下，你要想到的最重要的事情是，你并不孤单，你不是第一个也不是最后一个有此经历的人。"最终，他走出深渊，继续通过努力获得了事业上的成功。

抑郁是一种心理障碍，像强森这样被心理障碍困扰的人不在少数。可以说，我们每个人都应该做好直面心理障碍的准备。

心理学中定义的心理障碍范围极为广泛，表现和症状各种各样，心境方面的异常、进食和睡眠的问题、物质成瘾以及某些身体上的疼痛都可能起因于心理障碍。那么，究竟什么是心理障碍？它由什么原因导致？有哪些常见的心理障碍？

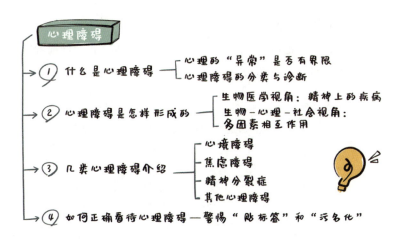

## 一、什么是心理障碍

根据世界卫生组织 2020 年的统计，全球大约有 10 亿人正在遭受心理障碍的困扰。在中国，2019 年精神卫生调查的数据显示，一生中曾患六大类精神障碍的人口比例为 16.6%。

一方面，在生活节奏加快、竞争压力加剧的当下，抑郁症和焦虑症的发病率都呈明显上升趋势。另一方面，人们对心理障碍的认识和治疗意识严重不足，绝大多数患者从未接受过任何专业治疗，而及时寻求帮助的前提是，首先要觉察和了解心理的"正常"和"异常"。

**1 心理的"异常"是否有界线**

◆ **心理障碍的定义**

心理障碍（也称为精神障碍），简单来说就是不健康的或者异常的心理功能。心理学对其定义如下：

> 心理障碍是行为、思维或情绪相对持久的紊乱，它会导致痛苦或社会功能缺损。

但什么是"紊乱"？多久是"相对持久"？生活中，难免会出现行为、思维或情绪偏离常态的时候。如果这种异常对自己或别人造成了痛苦，干扰了正常生活，那么经过专业人士的系统评估和诊断后，就可能被认为是心理障碍。

例如，由于一时失败或受挫而郁闷一阵子是正常的，但如果事情过去几周甚至几个月后，仍处于悲观自责等情绪中以至于影响正常生活，则可能被诊断为心理障碍。

◆ **"正常"与"异常"的界线并不清晰**

严重的心理障碍较容易被发现，但除此之外，正常和异常之间的界线并不清晰，虽然业界已经有较为详细的诊断标准，但这类判断仍存在一定的主观性。

> 心理障碍最好被看成一个从心理健康到心理疾病的连续体。
>
> ——理查德·格里格、菲利普·津巴多，
>
> 《心理学与生活》

◆ **社会规范的影响**

对"异常"的判定，与社会规范有密切的关系。在不同的价值观、文化或情境等前提下，对于某种心理是否异常，判断标准可能完全不同。比如，同性恋在一些国家被视为正常现象，在另一些国家则被认为是需要矫正的禁忌；又如，在过去仅仅被当作比较顽皮的孩子，在今天可能被诊断为多动症。

### 2 心理障碍的分类与诊断

尽管正常和异常的界线十分模糊，但是心理健康从业者还是需要统一的诊断标准，以便于信息沟通及治疗。身体上的疾病可以通过验

血、X 光等手段进行检测，那么心理障碍又有什么诊断手段呢？

◆ **广泛应用的诊断标准：DSM——按症状分类**

DSM 全称是《精神障碍诊断与统计手册》，是由美国精神医学学会发布的精神障碍分类系统，每 10~15 年改版一次。于 2013 年问世的第 5 版，是目前应用最为广泛的。

DSM-5 列举了专家公认的 22 大类、200 多种心理障碍，用简洁、通俗的语言描述了每种障碍的特征和区分方法。通过 DSM-5，不同医生更容易对患者有哪种心理障碍达成一致，大大增加了诊断的可靠性。

DSM-5 根据症状是否存在来判定心理障碍。有资格的心理健康从业者需要对患者进行系统的评估与测量，方法包括结构化访谈、精神状态检查、心理测验（如本书第十三章介绍的人格量表）以及脑成像等神经心理检查。从业者根据自身对患者的观察以及患者报告的症状，对照 DSM-5 的描述做出诊断。

◆ **其他分类系统**

▷ **ICD-11**：《国际疾病分类》第 11 版由世界卫生组织发布，是为了统计全球健康状况而对各种疾病做出的国际通用分类，其中包含了精神与行为障碍类别。

▷ **CCMD-3**：《中国精神障碍分类与诊断标准》是中国自己制定的分类标准，描述了 10 类精神障碍的特点。

▷ **RDoC**：不同于 DSM 以症状为标准对心理障碍进行分类，

美国国家精神卫生研究院提出的 RDoC（研究范畴标准方案）主要分析心理异常的成因，通过展现障碍形成的过程来进行分类，有助于理解各种因素在心理障碍中的作用，找到更有效的治疗措施。

## 二、心理障碍是怎样形成的

古时候的人们认为异常行为是鬼神附体等超自然力量导致的，会采用各种仪式为病人驱魔。如今，对于心理障碍已经有了科学的研究方法和理论体系。对于其成因，主要有两种不同视角：生物医学视角和生物－心理－社会整合视角。

### 1 生物医学视角：精神上的疾病

◆ **基本观点**

生物医学视角将心理障碍看作精神上的一种"疾病"，将存在问题的人看成病人。如同应对其他生理性疾病，精神病学家对精神疾病进行科学分类，并分析其病因、症状和治疗方法。上文提到的 DSM–5 等分类系统就是医学视角的体现。

◆ **致病原因**

生物医学视角在生理方面寻找精神疾病的原因，包括遗传基因、神经系统和大脑结构的问题。

▷ **遗传：** 人的思维和行为直接受到神经系统和内分泌系统等影响，而遗传基因通过影响神经递质和激素水平等，为不同人对心理障碍的"易感性"设定了一个可能的范围。有研究表明，某些心理障碍具有一定遗传性，比如精神分裂症，对于家属中没有此类患者的人而言，患病概率大约为 1%；而如果父母或兄弟姐妹患病，则患病概率约为 10%。

▷ **神经系统：** 神经递质在神经元之间传递信息，起到兴奋或抑制的作用。例如，精神分裂症与多巴胺、去甲肾上腺素和 5- 羟色胺等神经递质的过度活动关系密切。

### ? 你知道吗

英文中有个短语 mad as a hatter（像制帽匠一样疯），用来形容行为疯癫。制帽匠为什么会疯癫？这是由于 18—19 世纪的欧洲对河狸帽需求很大，而在制作河狸帽的过程中需要用到有毒的汞。制帽匠长期接触汞，中枢神经系统被破坏，导致失眠、焦虑、易怒和精神低迷等表现。

▷ **大脑结构：** 下丘脑、边缘系统、额叶等区域在情感和思维等功能方面有重要作用，脑区受损可能导致行为异常。

### 知识链接

第二章介绍心理学的个案研究时提到的"盖奇的头骨"，就是脑区受损导致行为异常的最典型的案例。

◆ **对生物医学视角的评价**
▷ **进步：** 生物医学模型使人们对心理障碍的认识摆脱了对于超

自然力量的迷信，引入了科学的分类方法。有些心理方面的障碍确实主要由生理疾病引起（比如阿尔茨海默病患者的认知障碍，就是神经系统退化导致的）。将心理障碍看作疾病，意味着它可以用生物医学的方法被治愈，由此促进了相关药物和神经科学的发展。

▶ **不足**：在很多情况下，我们并不能确定生物学变化是心理障碍的原因还是结果，也并非所有的生物医学治疗都是成功的。医学诊断为心理障碍患者贴上了"病人"的标签，使他们成为药物的被动接受者，而忽视了日常生活功能的培养和人的主观能动性。

**2 生物－心理－社会视角：多因素相互作用**

医学视角只关注单一的生物病因，而生物－心理－社会视角考虑多方面因素的交互影响，通过多维度的综合视角全面理解病因：

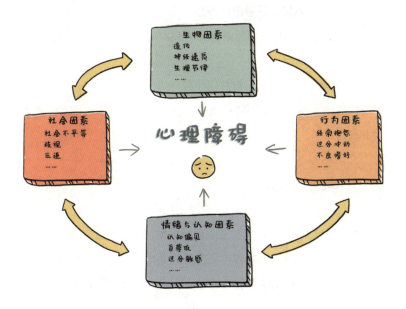

◆ **生物：**如生物医学视角所揭示的，遗传、神经等生理因素在心理障碍的形成中发挥作用。但在很多情况下，仅仅生理因素本身并不一定导致心理障碍，它只是一个"易感性"或者"倾向"，需要被其他因素激发。

◆ **心理：**包括行为、情绪和认知等因素：

▷ **行为：**由经历和环境造成，如在特定环境中习得了不正常的行为；

▷ **认知：**看待自己的方式，如存在认知偏见和不良的思维态度；

▷ **情绪：**容易受到外界压力的影响。

◆ **社会：**人是社会性动物，在社会中扮演的角色、他人的期望以及社会结构和规范，都会影响人们的行为。贫穷、歧视、社会压力等因素，都可能促使心理障碍的产生。

◆ **交互作用：**生物、心理和社会因素相互影响。

▷ **生理和心理联系紧密：**神经系统的结构与功能对心理状态有重要影响，而心理与社会因素也会直接影响神经递质的活动，甚至能重塑相关的脑回路。

▷ **环境因素和个人因素共同作用：**如果一个人内在有某种心理障碍的倾向，遇到特定的环境或外在压力时，这种倾向可能会被激发并表现出来。

## 三、几类心理障碍介绍

根据 2019 年的中国精神卫生调查数据，患病率最高的两种心理障碍是焦虑障碍和抑郁障碍（抑郁障碍是心境障碍中的一种）；精神分裂症则是心理障碍中复杂的重点疾病。接下来我们分别介绍心境障碍、焦虑障碍和精神分裂症的特点，并简要分析它们的病因。

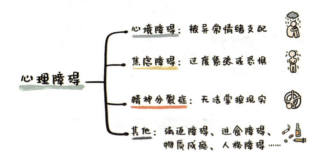

**1 心境障碍：被异常情绪支配**

心境是一种比较持久的情绪状态，不针对某个特定事物，而是用同样态度对待一切事物。心境障碍是相对持久的情绪异常，包括抑郁和躁狂两种体验。

◆ 心境障碍的主要类型——抑郁症和双相障碍

在躁狂和抑郁之间不定时地切换：
· 在抑郁状态下，与重性抑郁障碍表现类
  似
· 在躁狂状态下，表现包括：
  - 精神亢奋、过度活跃、情绪高涨
  - 健谈且思维飘忽跳跃
  - 睡眠减少
  - 冲动或者无节制的行为

双相障碍
（也称"躁郁症"）

◆ **抑郁症的病因**

　　抑郁症是人们最为熟知的心理障碍，根据 2019 年的调查数据，我国抑郁症的发病率达 2.1%。但人们容易戴着有色眼镜看待抑郁症患者，如觉得他们"不坚强""脆弱矫情"，或者无法接受自己患抑郁症的可能。因此需要对抑郁症的病因有客观的认识，从而实施科学的治疗。

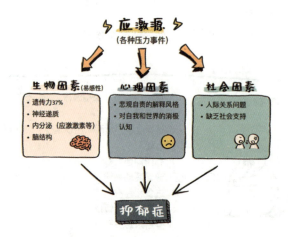

　　在导致抑郁症的心理因素中，消极的认知模式可以看成对抑郁症的"心理易感性"：将挫折当作长期的、普遍的以及是自己的原

因造成的，容易导致抑郁心境和消极行为，而消极行为又会恶化人际关系，进一步加深挫折感。在心理治疗中纠正这种认知偏差，有望找到打破抑郁循环的出口。

## 2 焦虑障碍：过度紧张或恐惧

对未来事件或者可能的威胁感到不安是难免的，但持续的焦虑会严重影响正常的生活，构成焦虑障碍。

◆ **焦虑障碍的类型——广泛性焦虑障碍、惊恐障碍和恐惧症**

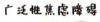

广泛性焦虑障碍

- 至少6个月的时间中，对一些事件表现出无法控制的担心
- 出现3种以上的相关症状，如：
  - 坐立不安
  - 容易疲倦
  - 肌肉紧张
  - 注意力无法集中
  - 睡眠障碍等

惊恐障碍

- 突然出现的强烈恐惧，产生灾难临头的想法
- 伴随强烈的身体不适感，如：心悸、颤抖、胸闷气短、窒息感等

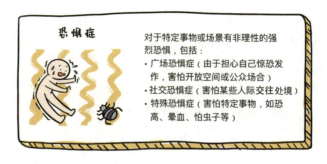

恐惧症

对于特定事物或场景有非理性的强烈恐惧，包括：

· 广场恐惧症（由于担心自己惊恐发作，害怕开放空间或公众场合）
· 社交恐惧症（害怕某些人际交往处境）
· 特殊恐惧症（害怕特定事物，如恐高、晕血、怕虫子等）

◆ **焦虑障碍的病因**

除了生物因素外，在心理方面，条件作用往往对理解焦虑障碍很重要：在经历一次可怕事件之后，类似的外部环境和内部身体状态都会变成引发焦虑或恐惧的线索，形成条件反射[1]。

**③ 精神分裂症：无法掌控现实**

精神分裂症是一种较为严重、复杂的心理障碍。患者的行为与动机分离、感觉与现实分离、思维和情感紊乱，需要接受长期治疗或者反复治疗。

◆ **精神分裂症的症状类型——阳性、阴性和瓦解性：**

阳性症状：妄想和幻觉

· 妄想（思维内容混乱）：比如坚信有人要害自己，或者外星人要控制地球等
· 幻觉（感知出现问题）：比如看到幻象，听到不存在的声音，或者涉及嗅觉、触觉等

---

① 本书第六章介绍了"条件作用"如何在刺激和反应之间建立联结。

- 情感淡漠
- 言语贫乏
- 无情绪反应

阳性症状：正常行为的缺失

瓦解性症状：古怪行为

- 言语混乱
- 行为异常
- 情绪反应不合时宜

## ◆ 精神分裂症的病因

> 精神分裂症就是一种以心理症状的形式表现出来的大脑
> 疾病。
>
> ——戴维·迈尔斯，《心理学导论》

大量研究揭示了精神分裂症的生理基础，例如：

▷ 多巴胺活动过度；

▷ 大脑活动异常，如额叶活动低下；

▷ 胎儿期病毒感染。

与精神分裂症患者亲缘关系越近的人，患病概率越高。但即使是基因极其相似的同卵双胞胎，都患精神分裂症的概率也只是50%，由此可以看到环境和个人经历的作用。

**4** 其他心理障碍

| 分类 | 概述 |
|---|---|
| 强迫障碍 | 反复出现无法控制的想法或行为，引发焦虑痛苦，比如反复洗手、反复核对等。 |
| 创伤后应激障碍 | 经历创伤性事件后，痛苦的记忆挥之不去，噩梦反复出现。 |
| 进食障碍 | 厌食或者暴饮暴食。 |
| 物质成瘾 | 对精神活性物质产生精神和身体上的依赖，包括酒精、毒品、尼古丁、咖啡因等，危害健康、社交和正常生活。戒断会造成极大痛苦甚至有生命危险。 |
| 人格障碍 | 导致自身痛苦或者难以与他人相处的人格特征，在思维、情感、社交和冲动控制方面长期异常，比如：<br>• 反社会性人格：毫无良知，没有羞耻、同情和畏惧等情感；<br>• 偏执型人格：总是怀疑他人有阴险恶机。 |
| 分离障碍 | 丧失对自身真实性或者外界真实性的感受。分离性身份障碍(过去称为"多重人格障碍")即为分离障碍中的一类。 |
| 躯体症状障碍 | 没有生理上的病变，却感受到身体症状或痛苦，或者对疾病过分担心。 |
| 神经发育障碍 | 出现于童年期的发育障碍，包括自闭症、注意缺陷多动障碍和智力残疾等。 |

以上描述的心理障碍类型只是医学观点认为的心理障碍中的一部分。有时正常人虽然症状还达不到医学的诊断标准，但也可以算在广义的心理障碍中，可以寻求心理健康从业者的帮助。

## 四、如何正确看待心理障碍

**1** 警惕给人"贴标签"

DSM-5 里大量诊断分类的目的是预测病程、为患者提出恰当的治疗方案。它们是对疾病的分类，而不是对人的分类。如果把"精神失常""狂躁"等词语作为标签贴到人的身上，就会给患者带来负面的刻板印象。

从下面这个实验可以看到，一个人一旦被贴上了心理障碍的标签，他所做的一切在别人眼里似乎都不再正常，标签的效应甚至抵消了心理健康专业人员的判断。

## 实验

### 罗森汉的"假病人"实验

美国心理学家大卫·罗森汉怀疑精神病医生是否能真正区分正常人和精神病人，他于 1972 年做了一个著名的实验。他和几名同事到精神病院求诊，谎称自己有幻听的现象，随即被认定为精神分裂症患者，入住精神病院。

入院后，他们表示幻听消失了，并且表现出完全正常的行为，但没有一个人被医生认为是假冒病人，连他们每天记录情况的行为都被视为偏执行为。反而有些病人指出罗森汉等人神智正常，是在对医院进行暗访的记者或教授。最终，"假病人"们平均用了 19 天才被获准出院。

标签还会导致"自我实现的预言"，使患者认为自己没有希望和价值，打击他们努力康复的积极性，即便治愈出院也仍背负标签的重量。因此，有时精神病人的异常正是来自医院的氛围和周围的压力。这也是心理障碍的诊断和分类面临的重要难题。

事实上，标签应该用于医护人员在临床实践中标示心理障碍，而不是定义某个人。心理障碍患者是受到心理问题困扰的普通人，要给予他们应得的尊重。

### 2 警惕心理障碍的污名化

#### ◆ 什么是污名化

标签之所以带来可怕的后果，正是因为社会中存在对于心理障碍的污名化现象。

污名化指的是把某些群体（如心理障碍患者）的负面特征作为标签贴在他们身上，由此掩盖其他特征，并造成恶劣影响。人们对于心理障碍的负面刻板印象包括：心理障碍是软弱、内心不强大的表现；心理障碍代表着变态和不可理喻；精神病人很危险，会随时暴起伤人。

#### ◆ 污名化的后果

对心理障碍污名化，使得患者在社会中经常被贬低、被拒绝甚至被侮辱。因此，有些人即使意识到自己患有心理障碍，也不会选择寻求治疗，反而会百般掩饰，致使病情恶化。有些已经痊愈的病人，依然需要承受污名化带来的痛苦。

希望本章的学习使你对心理障碍有更全面、科学的认知，对心理障碍患者多一些理解和包容，当自己或家人遇到心理方面的问题时，也可以更加从容地面对。

心理障碍并不可怕，轻度的心理障碍可以治愈，重度的心理障碍可以通过药物和心理治疗等多种方式进行控制，我们将在下一章介绍心理障碍的治疗方法。

# 回顾与思考

在这一章中，我们首先讨论了心理障碍的概念，让你认识到"异常"和"正常"之间并没有一条清晰的界线，并且了解到精神病学中对于心理障碍的分类和诊断。接着，我们从生物医学视角和生物－心理－社会视角两方面探讨了心理障碍的成因。之后，我们对三种主要障碍——心境障碍、焦虑障碍和精神分裂症进行了简要介绍。最后，基于对心理障碍标签化和污名化的现象，我们探讨了如何正确看待心理障碍及其患者。

> **请结合本章的内容，思考如下问题：**
>
> ❓ 你是否体验过某种程度的心理异常？这些异常对你的生活造成了怎样的影响？
>
> ❓ 你与你周围的人是怎样看待心理障碍的？你认为应该怎样改变社会对于心理障碍污名化的现状？

# 第二十一章

# 心理障碍治疗：
# 如何用科学方法
# 走出困境？

美国第 16 任总统林肯曾患有抑郁症，在 20 多岁和 30 多岁抑郁
症发作最严重时险些自杀。那个年代尚不存在对抑郁症的科学治疗
方法，但他积极尝试各种应对与自我调整手段，例如全身心投入工
作，在工作之余读诗写诗、讲故事、讲笑话——将诗歌与幽默作为
情绪的宣泄口，走出了人生中最痛苦的时刻。

20 世纪初以来，心理障碍的现代治疗方法逐步发展。那么，这
些现代治疗方法具体有哪些？它们是否有效？我们平时所说的"心
理咨询"与心理治疗有什么关系？

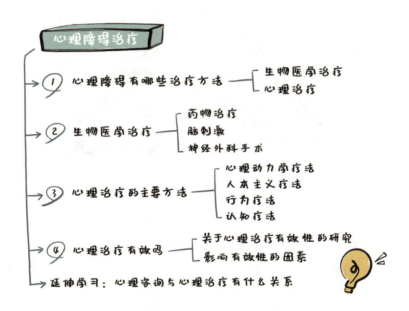

## 一、心理障碍有哪些治疗方法

我们在上一章了解到，对于心理障碍的成因有两种不同视角：生物医学视角在生理方面寻找疾病的原因；生物－心理－社会整合视角考虑多方面因素的交互影响。对心理障碍成因的看法直接影响了治疗方法的选择。

**1 心理障碍治疗的两大类方法**

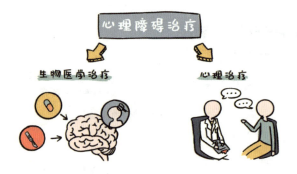

◆ **生物医学治疗**

用药物、物理甚至手术等方式直接干预神经系统，通过改变大脑的生理学因素来改变患者的行为与情感，由**精神科医生**进行治疗。他们具有医学学位和医师资格，有诊断权和处方权。

◆ **心理治疗**

在心理学理论基础上，用心理学技术来改变患者的思想、感受和行为，通过与治疗师互动达到治疗效果。依据理论不同，心理治疗又可以细分为心理动力学疗法、人本主义疗法、行为疗法和认知疗法等不同流派。我国《精神卫生法》规定，心理治疗由**医疗机构**

内的医学和心理学工作者进行。

💡提示

　　接受心理障碍治疗的人被称为"患者"或者"来访者"。本书在介绍生物医学疗法时，称其为"患者"；介绍心理治疗方法时，称其为"来访者"。

2 两类方法的结合

　　生物医学治疗和心理治疗可以同时使用。比如，有研究表明，抑郁患症者既服用药物又接受认知行为治疗，效果比使用单一疗法要好；精神分裂症患者也经常接受联合治疗。至于使用何种方法，由专业人士根据心理障碍的具体情况确定。

## 二、生物医学治疗

　　生物医学治疗常用于严重的障碍，希望通过改变脑的化学机制、神经回路或者脑的活动来治疗心理障碍。

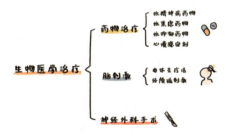

1 药物治疗

　　药物治疗是最主要的生物医学治疗手段。与其他治疗生理疾病的药物一样，治疗心理障碍的新药上市前要经过严格的临床研究，例如通过双盲实验，与服用安慰剂的患者相比较，来证明其有效性。

治疗心理障碍的相关药物主要有以下四类：

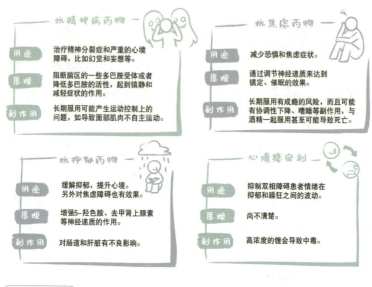

**2 脑刺激**

对于服药后没有改善的患者，精神科医生会根据情况使用直接刺激大脑的物理治疗方法，如电休克疗法和经颅磁刺激。

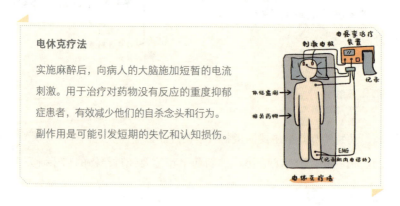

**电休克疗法**

实施麻醉后，向病人的大脑施加短暂的电流刺激。用于治疗对药物没有反应的重度抑郁症患者，有效减少他们的自杀念头和行为。副作用是可能引发短期的失忆和认知损伤。

**经颅磁刺激**

通过线圈发射磁场，传送脉冲到大脑皮质表面，用于刺激或抑制不同皮质区的活动。过程无痛且副作用小，用于治疗重度抑郁、精神分裂等。

需要注意的是，有些治疗方式（如电休克疗法）虽然具备有效的临床证据而被纳入治疗选择，但其作用机制在理论上尚不明确。

### 3 神经外科手术

通过外科手术切除或破坏特定脑组织，从而改变行为。由于手术的不可逆性，只有在少数极端情况下才会采取精确的微型外科手术。

### 4 生物医学治疗方法的优缺点

**优点**

- 对于某些严重的精神障碍，能够有效地抑制症状；
- 其作用容易得到科学验证和解释；
- 起效速度一般较快。

**缺点**

- 容易导致药物滥用和成瘾；
- 忽视了心理和社会病因；
- 对于某些心理障碍（如学习障碍、人格障碍等），治疗作用很小。

### 三、心理治疗的主要方法

在第十三章《人格：你为什么会成为你？》中我们了解到，不同的心理学理论对人格的形成和相应的心理问题有不同的解释，并且发展出不同的心理治疗方法：心理动力学疗法、人本主义疗法、行为疗法、认知疗法，以及后两者结合的认知行为疗法。

很多治疗师并不恪守某一个流派，而是采用整合的方法——根据不同问题选择最适合的疗法。

从以上几大类主流疗法中，发展出几百种具体的治疗方法和技术，例如陈述、移情、冥想、绘画、心理戏剧等。很多方法既能用于一对一的治疗，也能用于家庭与团体治疗。

下面逐一介绍每类方法的主要理论、治疗方法示例并对其加以评价。

**1 心理动力学疗法：探究无意识冲突与童年经历**

弗洛伊德在医疗实践中开创了心理治疗——精神分析疗法的先河，同时也建立了精神分析理论。之后的新弗洛伊德学派则发展出了现代的心理动力学疗法。

◆ **主要理论**

　　精神分析理论认为，人的本能冲动与社会规范相矛盾时产生的冲突会导致焦虑。这些焦虑被防御机制压抑在无意识中，导致人们行为和情感方面的异常。精神分析疗法的主要目标就是探究人们无意识中的冲突，使其上升到意识层面，帮助来访者理解自己并增强自我的力量。

　　新弗洛伊德学派则更加关注有意识的（而非无意识的）动机，关注社会性和人际关系问题（而非性欲和攻击欲）。

◆ **治疗方法示例**

　　为了探究来访者心理障碍的成因，治疗师会尽量了解来访者的经历，挖掘过去对现在的影响及其无意识中潜藏的内容。精神分析的一些经典治疗技术包括：

　　▷ **自由联想：** 让来访者大声说出任何出现在脑海中的想法，让意识顺畅流通。

　　▷ **解释：** 分析来访者言行的意义，对无意识的内容和心理障碍形成的原因进行解释。

　　现代心理动力学疗法中，应用广泛的是"人际心理治疗"——通过帮助来访者改善人际关系，解决心理问题。

心理动力学疗法的贡献

- 建立了对异常行为的系统性解释；
- 帮助人们理解童年时期的创伤和无意识的冲突在心理障碍中的影响。

心理动力学疗法的不足

- 理论体系复杂，很难用科学方法验证；
- 忽略了人自身的成长倾向以及环境对人格发展的影响。

**2　人本主义疗法：追求自我实现**

不同于心理动力学疗法关注动机和冲突，人本主义疗法主张有意识地了解当下的感受，通过实现自己的潜能来获得心理健康成长。

◆　**主要理论**

人的本性是追求自我实现和成长，而心理障碍源自低自尊、孤独感、无法实现潜能或无法找到生命的意义。治疗的首要目的是促进成长而非消减症状。

◆　**治疗方法举例**

由卡尔·罗杰斯创造的**"来访者中心疗法"**（也称为"以人为中心疗法"）是常见的人本主义治疗技术。该疗法认为，治疗师应该通过积极倾听和反馈，创造促进成长的环境，使来访者通过自我引导理解自己的问题与目标。治疗师需要具备的品质包括**真诚、共情和无条件的关注**，让来访者感到自己被理解与接纳，能够安全地表达想法，从而促进成长与自我实现。

来访者的成长潜能

治疗师创造促进成长的环境

## 心理学家简介

### 卡尔·罗杰斯（1902—1987）

美国著名心理学家卡尔·罗杰斯是人本主义心理学的主要代表人物之一。他在儿童心理服务和临床心理咨询方面积累了诸多经验，著有《咨询与心理治疗》《论人的成长》等。他所独创的"来访者中心疗法"开辟了心理治疗的新方法，是继弗洛伊德的精神分析学说之后在心理治疗领域影响最大的理论，并且在教育和机构管理中具有重要价值。

## 如何评价

**人本主义疗法的贡献**

强调人类对自己负完全责任的能力，肯定了自我成长的积极性，提供了理解异常行为的全新角度。

**人本主义疗法的不足**

观点较为模糊，治疗目标过于理想化。

### 3 行为疗法：通过条件作用改变行为

心理动力学疗法和人本主义疗法都依赖于人们对内心问题的领悟与理解，而行为疗法关注有问题的行为本身。

◆ **主要理论**

异常行为是习得的，治疗师可以通过经典条件作用和操作性条件作用等原理①，消除不良行为，培养建设性的行为。

---

① 详见本书第六章介绍的相关内容。

◆ **治疗方法举例**

利用经典条件作用，将刺激与新的反应重新建立联系；利用操作性条件作用，通过正强化来鼓励良好行为。

▷ **暴露疗法**：让来访者直接面对引发焦虑或恐惧的刺激，并在这种情境下学着放松，直到反应消退。例如，对于恐高症患者，让其戴上虚拟现实设备，逼真地暴露于身处高楼的刺激中，在逐步适应的过程中减弱乃至消除症状。

利用虚拟现实设备，
通过暴露疗法治疗恐高症

▷ **厌恶疗法**：把想戒除的行为与令人厌恶的感受联系起来。比如，对于酒精成瘾者，在喝酒的同时提供呕吐药，使喝酒行为和恶心呕吐相联系，进而消除对酒的喜好。

▷ **正强化**：循序渐进地奖励期望的行为，例如，在药物依赖的治疗中，定期奖励药检阴性者。

☰ *如何评价*

**行为疗法的贡献**

对强迫症、恐惧症、性功能障碍和进食障碍等特定问题有疗效。

**行为疗法的不足**

强调对不良行为的改善，但忽视了问题的原因和情感因素。

## 4 认知疗法：识别并纠正错误想法

心理动力学和人本主义疗法关注动机或情绪，行为疗法关注行为本身，而认知疗法关注的是思维——如何看待自己、他人和世界。

◆ **主要理论**

心理障碍源自错误的想法和消极的思维方式，比如遇到一两次挫败就觉得自己一无是处，从而陷入抑郁。治疗师需要帮助来访者识别错误和消极的想法，并加以纠正，最终建立更有建设性的思维方式。

◆ **治疗方法举例**

▷ **理性 – 情绪疗法：** 来访者由于一些不合理的想法产生负面情绪并受到折磨。治疗师引导来访者审视这些想法是否有证据支持，并且用更为合理的想法来代替原来的想法。比如可以探讨"这次失败到底意味着什么，是否真的能证明自己一无是处"。

▷ **认知行为疗法：** 认知行为疗法是将认知治疗与行为治疗的策略结合起来，它是目前心理治疗领域中最成功的疗法之一。

早期的一些认知治疗方法经过发展，往往都加入了行为治疗因素，成为认知行为疗法。认知行为疗法既帮助来访者认识并改变自己的非理性思维方式，又通过技巧训练来改变他们的行为方式；既是问题导向，又是行动导向。例如，治疗师会帮助来访者制定具体的行动目标和策略，比如写日记记录症状、练习行为改变技巧、设计奖励机制等。

## 如何评价

### 认知疗法的贡献

- 认知行为疗法对抑郁症、焦虑障碍、创伤后应激障碍等效果良好；
- 对双相障碍和精神分裂症，认知行为疗法结合药物治疗比单独治疗更为有效；
- 治疗结构清晰，具有指导性和务实性。

### 认知疗法的不足

- 过于强调正面思考的力量，认知能力和自我反思能力较弱的人治疗后较易复发。
- 过于强调意识的力量，忽视来访者的无意识情感和过往经历；
- 短程治疗为主，对更为广泛的人格障碍作用很小。

## 书籍推荐

### 《在抑郁打败你之前战胜它》

本书作者是美国认知行为治疗领域的知名治疗师。他在这本书中总结了自己 30 多年治疗抑郁症的经验，用清晰易懂的方式，结合具体案例，详细讲述抑郁症患者应该如何应对自己的消极思维模式，如绝望、自我批评、自责、失去动力、思维反刍等。

这本关于抑郁症的自助图书提供了有效的工具和方法，帮助人们改变思维方式，打破抑郁的循环。

作者 ▶
【美】罗伯特·L.莱希（Robert L. Leahy）
出版社 ▶
人民邮电出版社

## 四、心理治疗有效吗？

心理治疗效果的衡量不像治疗生理性疾病时那样直观，而是需要通过科学的研究来揭示。影响治疗有效性的因素也包含多个方面。

> **1 关于心理治疗有效性的研究**

来访者接受心理治疗后确实有所好转，如何证明这是治疗的效果而非自然恢复的结果呢？不能仅基于来访者或者治疗师的主观判断简单下结论，而是要通过随机临床试验等方法，将接受治疗和未接受治疗的来访者进行对比。

◆ **心理治疗整体上是有效的**

对大量治疗结果进行的汇总和统计表明，接受治疗的人比未接受治疗的人好转的整体比例更大，复发风险更低。起作用的除了针对性的治疗技术外，治疗师的同理心、信任和积极关注能够给来访者提供看待自己和世界的新视角，为其在困境中带来希望。

◆ **心理治疗也能影响脑活动**

心理治疗虽然不像生物医学治疗那样直接作用于大脑，但是一些脑成像研究显示，接受心理治疗的来访者，与症状相关的脑区发生了持久性改变。

◆ **某些针对性疗法对特定问题更有效**

研究也证明，对于较为明确的特定问题，某些针对性的疗法更为有效。例如，行为疗法对于强迫症、恐惧症等行为问题的疗效很好；认知行为疗法对于抑郁、焦虑和创伤后应激障碍的治疗有效。

心理治疗是否有效不仅要看采用什么技术，还要看治疗师与来访者双方的人际互动，以及来访者的具体情况和治疗师的品质。任何一个变量的改变，都会影响治疗的效果。

实际上，对于心理治疗效果影响最大的因素是个体变量，其次是治疗关系，最后是方法技术的选择。

◆ **个体变量**

指与来访者本身相关的因素，比如障碍的类型、人格特质、动机和期望、生活环境等。同样的治疗对不同人会产生不同效果。如果来访者有动机改善和解决自身问题，不回避、不抵抗，将会从治疗中获益更大。

◆ **治疗关系**

治疗师和来访者之间的互动是促进来访者改变的重要因素，因此双方建立彼此信任、互相尊重的治疗关系至关重要。这需要治疗师具备同理心、真诚等品质，能够让来访者感到被理解。同样，如果你身边有人正在接受心理治疗，你的理解与支持也是对他们最好的帮助。

◆ **治疗方法和技术的选择**

如上文所述，对于不同的障碍，某些特定的疗法更为有效。但这是整体层面的研究结果，具体治疗方法还需要根据来访者的问题和偏好来确定。例如，有的来访者对单一疗法没有反应，只对综合疗法起反应。

## ⌒⌒延伸学习

### 心理咨询与心理治疗有什么关系？

我们经常听说的"心理咨询"，与本章所介绍的"心理治疗"是否一样？两者有什么关系呢？

**1. 心理咨询与心理治疗的区别**

★ **针对的对象不同：** 心理咨询着重处理正常人在日常生活中遇到的问题，例如学业或工作上的不顺、婚姻家庭中的矛盾以及人际关系中的困惑等；心理治疗则主要针对被诊断有心理障碍的人进行。

★ **开展的场所不同：** 根据我国的《精神卫生法》，心理咨询在社会上的心理服务机构或教育机构开展；心理治疗则在医疗机构内开展。

★ **执业资格不同：**

——在经批准的医疗卫生机构内从事心理治疗工作的人员，在通过心理治疗师资格考试后，获取"心理治疗师"专业技术资格。因此，我国目前只有国家批准的医疗机构才设有心理治疗师。

——而"心理咨询师"行业没有职业资格认证（我国人社部已于2017年取消了国家层面的心理咨询师考试和证书发放），市场上有很多不同的机构从事心理咨询师培训并颁发相应的证书。因此，虽然心理咨询行业有许多专业人士在执业，但也要注意由于咨询师管理制度尚不成熟，寻求帮助前需要谨慎甄别。

## 2. 心理咨询与心理治疗的联系

由于心理的"正常"和"异常"界线模糊，心理障碍的界定并非泾渭分明，心理咨询和心理治疗也存在不少重叠之处：

★ 心理咨询师和心理治疗师都必须具备专业的心理学知识，采用的都是心理学的理论和相关方法。

★ 两者所做的实践有时很难确切区分，心理咨询中有时需要采用心理治疗的技术，而心理治疗之后往往还需要心理咨询。

★ 两者都通过与来访者进行良好的互动使其得到改变。

任何心理障碍都可以寻求治疗。即使不构成心理障碍的诊断，遇到问题及时求助于专业心理咨询，也很可能有效防止心理状态的恶化，从而保障自己的心理健康。

## 🔖 回顾与思考

心理障碍治疗有两大类方法——生物医学治疗和心理治疗。我们分别介绍了这两类方法中包含的具体疗法及其特点。我们还探讨了心理治疗的有效性，并分析了心理咨询与心理治疗的关系。

**请结合本章的内容，思考如下问题：**

**?** 阅读本章之后，你对于心理障碍治疗的认识有哪些改变？

**?** 在阅读完本书内容后，你在以下方面是否得到了一些新的认识或启发——了解自己的心理特点和心理过程，增强对他人的理解力与同理心，以及更好地塑造自己的心理健康？

**?** 你对心理学的哪个模块或者专题最感兴趣？是否有进一步阅读学习的计划？

# 参考文献

**全书参考文献**

1. [美]菲利普·津巴多（Philip G. Zimbardo）、罗伯特·约翰逊（Robert L. Johnson）、薇薇安·麦卡恩（Vivian McCann）著，钱静、黄珏苹译：《津巴多普通心理学》，北京联合出版公司，2017。

2. [美]理查德·格里格（Richard J. Gerrig）、菲利普·津巴多（Philip G. Zimbardo）著，王垒等译：《心理学与生活（第19版）》，北京：人民邮电出版社，2014。

3. [美]戴维·迈尔斯（David G. Myers）著、黄希庭等译：《心理学导论（第9版）》（上下册），北京：商务印书馆，2019。

4. [美]丹尼尔·夏克特（Daniel Schacter）、丹尼尔·吉尔伯特（Daniel Gilbert）、丹尼尔·韦格纳（Daniel Wegner）、马修·诺克（Matthew Nock）著，傅小兰等译：《心理学（第3版）》（上下册），上海：华东师范大学出版社，2016。

5. 彭聃龄主编：《普通心理学（第5版）》，北京师范大学出版社，2019。

6. 张春兴著：《现代心理学——现代人研究自身问题的科学》，上海人民出版社，2016。

7. [美]韦恩·韦登（Wayne Weiten）著、高定国等译：《心理学导论（原书第9版）》，北京：机械工业出版社，2016。

8. [美]E.西尔格德（Ernest Hilgard）、R.C.阿特金森（Richard C. Atkinson）、E.E.史密斯（Edward E. Smith）、S.诺伦－霍克西玛（Susan Nolen-Hoeksema）著，洪光远译：《西尔格德心理学导论（插图第14版）》，北京：世界图书出版公司，2013。

**各章节参考文献**

各章节除了文中"书籍推荐"栏目所列书籍外，还有以下参考文献：

**第三章**

Eric R. Kandel et al. *Principles of Neural Science (5th Edition)*. New York : McGraw-Hill Medical. 2013.

**第四章**

E. Bruce Goldstein. *Sensation and Perception (Ninth Edition)*. Wadsworth：Cengage Learning. 2013.

Douglas Heaven. "Why deep-learning AIs are so easy to fool."*Nature*. 2019.

**第五章**

[美] 克里斯托夫·科赫（Christof Koch）著，顾凡及、侯晓迪译：《意识探秘——意识的神经生物学研究》，上海科学技术出版社，2012。

**第六章**

[美] 简妮·爱丽丝·奥姆罗德（Jeanne Ellis Ormrod）著、汪玲等译：《学习心理学（第6版）》，北京：中国人民大学出版社，2015。

**第七章**

[美] 丹尼尔·夏科特（Daniel Schacter）著、李安龙译：《记忆的七宗罪》，北京：中国社会科学出版社，2003。

王甦、汪安圣著：《认知心理学》（重排本），北京大学出版社，2006。

[美] 乔舒亚·福尔（Joshua Foer）著、王旭译：《与爱因斯坦月球漫步——三步唤醒你的惊人记忆力》，北京：中信出版集团，2017。

**第十章**

[美] Herbert L. Petri、John M. Govern 著，郭本禹等译：《动机心理学》，西安：陕西师范大学出版社，2005。

[美] Robert E. Franken 著、郭本禹等译：《人类动机》，西安：陕西师范大学出版社，2005。

**第十一章**

[美] 莉莎·费德曼·巴瑞特（Lisa Feldman Barrett）著、周芳芳、黄扬名译：《情绪》，北京：中信出版集团，2019。

孟昭兰主编：《情绪心理学》，北京大学出版社，2005。

[美] 丹尼尔·戈尔曼（Daniel Goleman）著、杨春晓译：《情商——为什么情商比智商更重要》，北京：中信出版集团，2018。

**第十二章**

[美] Robert M. Kaplan、Dennis P. Saccuzzo 著，赵国祥译：《心理测验》，西安：陕西师范大学出版社，2005。

[美] 罗伯特·韦斯伯格（Robert W. Weisberg）著，金学勤、胡敏霞译：《如何理解创造力——艺术、科学和发明中的创新》，成都：四川人民出版

社，2017。

**第十三章**

[美] Jerry M. Burger 著、陈会昌等译：《人格心理学》，北京：中国轻工业出版社，2010。

许燕主编：《人格心理学》，北京师范大学出版社，2009。

**第十四章和第十五章**

[美] 罗伯特·S. 费尔德曼（Robert S. Feldman）著、苏彦捷等译：《探索人生发展的轨迹（原书第 3 版）》，北京：机械工业出版社，2017。

林崇德主编：《发展心理学（第三版）》，北京：人民教育出版社，2018。

[美] 琼·利特尔菲尔德·库克（Joan Littlefield Cook）、格雷格·库克（Greg Cook）著，和静、张益菲译：《儿童发展心理学》，北京：中信出版集团，2020。

**第十六章至第十八章**

[美] 戴维·迈尔斯著，侯玉波、乐国安、张志勇译：《社会心理学（第11 版）》，北京：人民邮电出版社，2014。

侯玉波编著：《社会心理学（第三版）》，北京大学出版社，2013。

第十九章

Shelley E. Taylor. *Health Psychology (10th Edition)*. New York ：McGraw-Hill Education，2018.

**第二十章和第二十一章**

[美] 戴维·H. 巴洛（David H. Barlow）、V. 马克·杜兰德（V. Mark Durand）著，黄峥、高隽、张婧华译：《变态心理学——整合之道（第 7 版）》，北京：中国轻工业出版社，2017。

钱铭怡主编：《变态心理学》，北京大学出版社，2006。

钱铭怡编著：《心理咨询与心理治疗》（重排本），北京大学出版社，2016。

美国精神医学学会编著、张道龙等译：《精神障碍诊断与统计手册（第5 版）（DSM-5）》，北京大学出版社，2015。